国家自然科学基金面上项目(42472008、42172027、41472014)资助

第四纪中国北方大型食草动物古基因组研究
PALEOGENOMIC STUDY ON QUATERNARY LARGE HERBIVORES IN NORTHERN CHINA

袁俊霞　盛桂莲　肖　博　江　珊
　　　　　　　　　　　　　　　　　编著
陈顺港　王林英　孙国江　郁东奇

中国地质大学出版社
CHINA UNIVERSITY OF GEOSCIENCES PRESS

图书在版编目(CIP)数据

第四纪中国北方大型食草动物古基因组研究/袁俊霞等编著.—武汉:中国地质大学出版社,2024.12.—ISBN 978-7-5625-6022-7

Ⅰ.Q915.87

中国国家版本馆 CIP 数据核字第 2024KS8596 号

第四纪中国北方大型食草动物古基因组研究	袁俊霞　盛桂莲　肖　博　江　珊	编著
	陈顺港　王林英　孙国江　郁东奇	

| 责任编辑:李焕杰 | 选题策划:余江涛　李焕杰 | 责任校对:张咏梅 |

出版发行:中国地质大学出版社(武汉市洪山区鲁磨路388号)	邮编:430074
电　　话:(027)67883511　　传　　真:(027)67883580	E-mail:cbb@cug.edu.cn
经　　销:全国新华书店	http://cugp.cug.edu.cn

开本:787mm×1092mm　1/16	字数:200千字	印张:8
版次:2024年12月第1版	印次:2024年12月第1次印刷	
印刷:武汉中远印务有限公司		

| ISBN 978-7-5625-6022-7 | 定价:68.00元 |

如有印装质量问题请与印刷厂联系调换

前　言

古 DNA 作为从分子水平揭示生物演化历史的有力工具,近年来一直是古生物学、考古学、地层学、分子生物学、古生态学等领域的研究热点。经过 40 多年的发展,古 DNA 研究在 DNA 提取、分子文库构建、测序技术及大数据处理方法等方面都取得了极大进步。研究者从第四纪大型哺乳动物材料中获取了大量古基因组数据,为揭示一些长期争论不休的种群演化问题提供了关键分子证据,也从根本上改变了人们对许多代表性生物以及人类自身演化历史的认识。

我国北方地区是第四纪晚期"猛犸象-披毛犀动物群"成员的重要栖息地,该地区地层中蕴含有丰富的古生物化石材料,埋藏环境条件也有利于古 DNA 的保存,为开展古基因组研究提供了充足的样品保证。近年来,包括笔者课题组在内的国内研究团队对我国北方地区大型哺乳动物开展了一系列古 DNA 研究。本书主要介绍马科、犀科、骆驼科动物遗存材料的古基因组研究进展。

全书共分 5 章。第 1 章为绪论,主要介绍中国北方第四纪哺乳动物群、传统形态学研究的局限性、古基因组学研究的优势及两者的整合研究等,由袁俊霞、肖博执笔编写。第 2 章为马科动物古基因组研究,主要介绍奥氏马、大连马古基因组研究进展,以及从分子水平探讨中国家驴的早期迁徙引入历史,由袁俊霞、王林英执笔编写。第 3 章为犀科动物古基因组研究,对真犀族 5 种现生犀牛及 2 种灭绝犀牛进行简要介绍,重点介绍披毛犀的古基因组研究进展,并简要叙述梅氏犀古 DNA 研究概况,由袁俊霞、孙国江、江珊、郁东奇执笔编写。第 4 章为骆驼科动物古基因组研究,从古 DNA 角度探究家养双峰驼的驯化起源,重点介绍已灭绝诺氏驼的古基因组研究进展,探讨双峰骆驼的演化历史,由袁俊霞、陈顺港执笔编写。第 5 章为展望,主要涉及古基因组学的技术前沿、中国北方大型哺乳动物研究前景、多学科交叉融合等,由袁俊霞、肖博执笔编写。全书由盛桂莲修订、江珊完成图表修改。大连马模式标本图由大连自然博物馆刘思昭提供。封面大连马、披毛犀及诺氏驼复原图由菊石君(陈瑜)绘制。在此笔者对他们一并表示衷心的感谢。

由于编者水平有限,书中不足之处在所难免,敬请读者批评指正。

笔者

2024 年 10 月

目　录

第1章　绪　论 …………………………………………………………………… (1)
　1.1　中国北方第四纪哺乳动物群 ……………………………………………… (1)
　1.2　传统形态学研究 …………………………………………………………… (2)
　1.3　古DNA方法与古基因组学研究 …………………………………………… (4)
　1.4　形态学与古基因组学的整合研究 ………………………………………… (13)
　1.5　本书涵盖研究范围 ………………………………………………………… (14)
第2章　马科动物古基因组研究 ………………………………………………… (15)
　2.1　奥氏马分子演化研究 ……………………………………………………… (16)
　2.2　大连马古基因组研究 ……………………………………………………… (23)
　2.3　中国家驴的古基因组研究 ………………………………………………… (29)
第3章　犀科动物古基因组研究 ………………………………………………… (42)
　3.1　真犀族现生及典型灭绝种简介 …………………………………………… (42)
　3.2　腔齿犀属谱系演化 ………………………………………………………… (50)
　3.3　演化关系假说 ……………………………………………………………… (52)
　3.4　披毛犀古基因组研究 ……………………………………………………… (53)
　3.5　梅氏犀古基因组研究 ……………………………………………………… (67)
第4章　骆驼科动物古基因组研究 ……………………………………………… (70)
　4.1　家养双峰驼的驯化起源 …………………………………………………… (71)
　4.2　诺氏驼分子演化历史研究 ………………………………………………… (80)
第5章　展　望 …………………………………………………………………… (97)
　5.1　古基因组学技术前沿 ……………………………………………………… (97)
　5.2　中国北方大型哺乳动物研究前景 ………………………………………… (98)
　5.3　多学科融合与资源共享 …………………………………………………… (100)
主要参考文献 ……………………………………………………………………… (103)

第1章 绪 论

第四纪晚期大型哺乳动物的种群迁徙、演化与灭绝一直是演化生物学领域的研究热点,为揭示其演化历史,来自古生物学、考古学、地层学、分子生物学等专业领域的学者做出了不懈的努力,取得了一系列研究进展。本书通过古 DNA(ancient DNA,aDNA)技术发展下的古基因组学研究手段,深入探讨第四纪中国北方大型哺乳动物在气候变化下的适应与演化历程。本章旨在回顾中国北方第四纪哺乳动物群的研究背景,探讨传统形态学研究的局限性,进而引出古基因组学技术在晚更新世哺乳动物研究中的优势与应用。通过多学科的交叉融合,本书为中国北方晚更新世大型哺乳动物的演化与灭绝提供新的研究视角。

1.1 中国北方第四纪哺乳动物群

第四纪是地球气候历史上变化最为剧烈的时期之一,伴随着冰期与间冰期的交替,大规模气候波动对全球生物群体产生了深远的影响(Lister,2004)。在中国北方地区,第四纪气候变化不仅影响了生物的生存环境,也促使了哺乳动物群的迁徙、适应和演化(Guthrie,2006;Malanoski et al.,2024)。了解这一时期的哺乳动物群,尤其是大型哺乳动物的迁徙演化历史,对探讨物种的生态适应性和进化规律具有重要意义。

1.1.1 第四纪气候变迁及其对哺乳动物的影响

第四纪是从约 2.58Ma 至今的地质时期,其冰期和间冰期的反复交替对全球环境和生物产生了深刻的影响(Lister,2004)。冰期大量的冰川覆盖了北半球的大片地区,气候严寒干燥,植被结构发生变化,导致生态系统的重大重组;间冰期气候回暖,冰川退缩,许多物种得以扩展栖息地(Allen et al.,2010)。

第四纪气候变化极大地影响了哺乳动物的分布和演化(董为等,1996;同号文,2007)。冰期的严酷环境促使哺乳动物种群向南迁徙或演化出适应寒冷气候的特征,以真猛犸象(*Mammuthus primigenius*)和披毛犀(*Coelodonta antiquitatis*)为例,它们演化出了厚重的皮毛和强大的耐寒能力,以适应极端寒冷的环境。而在间冰期,这些适应寒冷的物种逐渐失去生存优势,伴随着人类活动的增加,多重因素影响共同导致它们种群数量锐减,最终走向灭绝(Dehasque et al.,2024;Fordham et al.,2024;Sandoval-Velasco et al.,2024)。

第四纪气候变化不仅强化了哺乳动物的生态适应性,还影响了物种的基因流动和遗传多样性(Wang et al.,2022a;Chen et al.,2023)。在冰期,许多物种的栖息地被限制在较小的区域,种群的隔离导致了遗传漂变和局部适应的发生;而在气候回暖的间冰期,物种重新扩散到更广阔的地区,基因交流也随之增强。这些由气候驱动的迁徙和隔离事件,共同塑造了第四纪哺乳动物的演化历史。

1.1.2 晚更新世的哺乳动物群

晚更新世(0.129~0.0117Ma)时期,地球气候经历了剧烈的波动,冰期与间冰期的循环对生物群体产生了深远的影响。中国北方地区的晚更新世哺乳动物群体,包括一系列适应寒冷气候的大型哺乳动物,如真猛犸象、披毛犀、野马(*Equus ferus*)、原始牛(*Bos primigenius*)等,它们在这段时期的栖息、迁徙和灭绝过程,为理解气候变化对物种的影响提供了重要的线索。

真猛犸象是晚更新世猛犸草原最具代表性的物种之一,曾广泛分布于欧亚大陆北部和北美洲。真猛犸象演化出了极为适应冰期环境的特征,如厚重的皮毛、脂肪层,以及适应寒冷气候的循环系统。然而,随着间冰期的到来和气候的逐渐转暖,真猛犸象的栖居范围急剧缩小,种群数量锐减,最终在全新世时期灭绝。古DNA研究表明,真猛犸象在灭绝前经历了长时间的遗传多样性下降,这表明该物种在灭绝前已经面临了极大的生存压力(Dehasque et al., 2024)。

披毛犀也是晚更新世欧亚大陆的典型物种之一,广泛分布于欧亚大陆的寒冷草原。与真猛犸象类似,披毛犀同样适应寒冷的气候,拥有厚重的皮毛和强壮的躯体,以抵御冰期的严寒。然而,在气候回暖和人类狩猎的双重压力下,披毛犀的种群数量急剧下降,最终在晚更新世末期灭绝(Fordham et al., 2024)。

野马和原始牛是晚更新世时期另外两个重要的代表性物种。野马在广阔的草原上展现出强大的适应能力,至今其后代仍然存活于世界各地。原始牛则是现今家牛的祖先,经过漫长的驯化过程,原始牛逐渐演化为现代家牛。通过对野马和原始牛遗存材料的古DNA研究,科学家得以追踪这些物种的演化轨迹和驯化历史(Orlando et al., 2013; Librado et al., 2021)。

1.2 传统形态学研究

现生生物只占其种属演化史上的一小部分,多数物种(或种群)都已消失在历史长河中。形态学研究在古生物学中占据了核心地位,古生物学者通过对不同地质历史时期古生物化石材料的形态特征进行详细分析,获取了大量形态学数据,进而对物种进行分类、识别并推测其进化历史,建立了一些生物门类的演化框架(Eisenmann, 1992; Deng et al., 2011),如马科动物的演化(图1-1)。

然而,由于形态学的研究方法受到诸多因素制约,如化石记录的不连续性、化石形态特征的不完整性等,因此传统形态学在应对复杂的生物多样性、个体变异以及物种之间的微小差异时存在诸多局限性(Van den Ende et al., 2023)。本节将探讨传统形态学方法在第四纪哺乳动物研究中存在的局限性,分析这些局限如何对物种鉴定和系统发育研究造成影响。

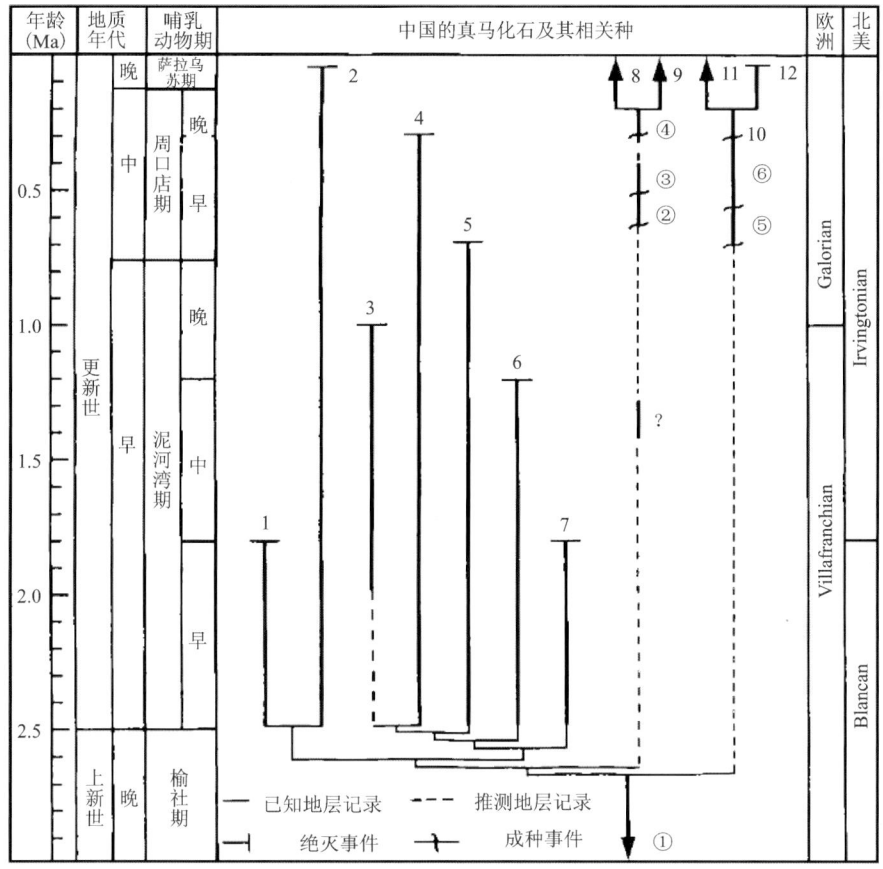

图1-1 中国真马（Equus属）化石的系统关系和地史分布（邓涛和薛祥煦，1998）

注：1. Equus wangi；2. Equus yunnanensis；3. Equus stenonis；4. Equus sanmeniensis；5. Equus teilhardi；6. Equus qingyangensis；7. Equus huanghoensis；8. Equus hemionus；9. Equus kiang；10. Equus beijingensis；11. Equus przewalskii；12. Equus dalianensis。① Equus simplicidens；② Equus calobatus；③ Equus altidens；④ Equus hydruntinus；⑤ Equus scotti；⑥ Equus mosbachensis。

1.2.1 同种个体间的形态变异

形态学研究的核心问题之一是区分物种内不同个体变异与物种间差异。即便是同一种群的个体，在形态上也会因年龄、性别、栖息地和环境压力等因素而表现出显著差异。例如，在真猛犸象化石材料研究中，牙齿的磨损程度、颅骨的形状等特征在不同个体之间可能会有显著差异。这些形态上的变异，往往被误认为是不同物种之间的差异，导致在分类上存在混淆（Lin et al.，2023；Xiao et al.，2023a）。

同一物种内不同个体的变异还可能受到生态压力的影响，不同栖息地中的个体可能表现出不同的形态适应性。例如，生活在更寒冷环境中的真猛犸象个体可能会表现出更加厚实的身体特征，而生活在相对较为温暖地区的个体则可能会相对瘦小。这些环境因素的影响，进一步增加了形态学分类的复杂性（Díez-Del-Molino et al.，2023）。

1.2.2 化石残缺和保存状态不佳的影响

化石记录的不完整性和保存状态的差异,是传统形态学研究中面临的另一问题。在第四纪哺乳动物的化石记录中,许多标本都因地质作用或其他自然因素而部分破损。晚更新世地层中出土的丰富遗存材料,一些化石经过长时间的风化、侵蚀和地质变动,往往丢失了关键的形态特征,使得古生物学家难以对其进行准确的分类和鉴定。

保存条件不佳同样影响形态学的研究。化石的保存环境,如埋藏条件、化学成分等,都可能影响其外观特征。例如,酸性土壤可能导致化石的溶解,水流侵蚀则可能破坏其组织结构,使得化石的形态特征被部分破坏。保存较差的化石在分类中经常被误鉴定为不同物种,导致在分类学上存在错误。

1.2.3 形态收敛和多样性问题

形态收敛现象在演化过程中广泛存在,即不同物种在相似的环境压力下可能会独立演化出相似的形态特征。收敛演化使得形态学研究在物种分类上面临挑战,尤其是在第四纪哺乳动物群体中。这些物种可能生活在类似的栖息地中,并因此表现出相似的外观特征。例如,Titov(2008)认为一些中国北方地区晚更新世地层中出土的被鉴定为诺氏驼(*Camelus knoblochi*)的化石材料,实际上很有可能是现生双峰骆驼(*Camelus bactrianus/Camelus ferus*)祖先的遗存。

形态学研究难以区分环境压力导致的形态相似性,通常会将这些物种误认为是同一物种或近缘物种。这样的错误分类会导致进化树的重建出现偏差,使得科学家对物种之间的真实亲缘关系产生误解。在第四纪哺乳动物的系统演化研究中,形态收敛现象特别突出。例如,在第四纪晚期的大型草食性哺乳动物中,不同物种因生活在寒冷草原环境中,往往独立演化出了相似的适应特征,如厚实的毛发和强健的体型。这使得依赖形态学进行分类的研究存在明显的不足,尤其是难以分辨那些外形相似但亲缘关系较远的物种。

另外,形态学研究还面临物种多样性的问题。尽管形态学在描述新物种方面一直占据重要位置,但随着对化石记录的深入研究,科学家发现许多物种的多样性被形态学分析低估或被错误分类。例如,披毛犀和真猛犸象等第四纪典型物种,虽然不同时空的披毛犀或真猛犸象在形态学上看起来相对一致,但古基因组学研究显示,它们各自的种群结构远比形态学所显示的更为复杂(Chang et al.,2017;Yuan et al.,2023)。这种多样性被低估的现象,使得传统形态学方法在理解哺乳动物的演化历史时存在较大局限。

1.3 古 DNA 方法与古基因组学研究

作为能从分子水平揭示生物演化历史的有力工具,古 DNA 方法是近年来古生物学、考古学、分子生物学等领域的研究热点(Orlando et al.,2021;Liu et al.,2022)。古基因组是指从生物化石-亚化石、考古遗存、沉积物等材料中获取的生物遗传物质,它提供了一种独特的手段来记录基因随时间的变化(盛桂莲等,2016)。古基因组学作为一种新兴的研究领域,结合了分子生物学和古生物学的优势,极大地推动了第四纪哺乳动物系统演化研究。通过对古代生物遗骸中残留的 DNA 进行分析,科学家可以重建出这些物种的基因组,从而深入了解它们的遗传多样性、亲缘关系,以及它们适应环境变化的演化机制(Orlando et al.,2021;Dalén et al.,2023)。

1.3.1 古 DNA 研究历程

古 DNA 研究按研究程度可以划分为 3 个阶段:萌芽期、兴起期、繁盛期(盛桂莲等,2016)。40 多年来,该学科的大致研究历程如图 1-2 所示。

中国是世界上最早尝试从古代生物遗存材料中提取 DNA 的国家。早在 1980 年,我国就有研究者尝试从长沙马王堆遗址汉代女尸(距今约 2000a)中提取 DNA(湖南医学院,1980)。然而,令人遗憾的是由于后续没有对获取的古 DNA 进行序列测定,这一研究成果未能得到国际学术界认可,但该成果代表我国在古 DNA 研究领域所做出的开创性尝试。Higuchi 等(1984)成功地从博物馆保存已灭绝斑驴(*Equus quagga*)标本中提取到 229 bp(base pair,碱基对)线粒体 DNA 片段,用于探讨该灭绝种与现生斑马之间的亲缘关系。这一研究成果表明从古代样本材料中获取遗传物质是可行的,该项工作从此掀开了古 DNA 研究的序幕。

图 1-2 古 DNA 发展历程及学科发展实例(盛桂莲等,2016;Sheng et al.,2019;Zhang et al.,2020;Van der Valk et al.,2021)

到目前为止,古 DNA 研究经历 40 多年的发展,在实验方法、技术手段等方面都已经有了长足的进步(Rompler et al.,2006;Green et al.,2008;Gamba et al.,2016;Schubert et al.,2016)。特别是近年来,基于新一代测序技术的发展、分子文库制备技术的逐步成熟(Head et al.,2014;Burrell et al.,2015;Suchan et al.,2016),古 DNA 研究从短序列片段向基因组测序转变,开启了古代样品材料基因组学研究阶段(Wenger et al.,2019;Ruan and Li,2020;

Kapp et al.,2021)。近年来,更是将古 DNA 研究样品的年代从不超过 0.1Ma 的晚更新世推向早更新世(图 1-3),如对 0.3Ma 非冻土古人类样品(Meyer et al.,2014)、0.4Ma 非冻土洞熊(*Ursus deningeri*)样品(Dabney et al.,2013a)、冻土中 0.7Ma 古代野马样品(Orlando et al.,2013)和西伯利亚永久冻土中 1.65Ma 猛犸象样品(Van der Valk et al.,2021)的古基因组分析(图 1-4),以及保存在北格陵兰岛 2Ma 环境古 DNA(Environmental ancient DNA,简写 ancient eDNA)研究(Kjær et al.,2022)。

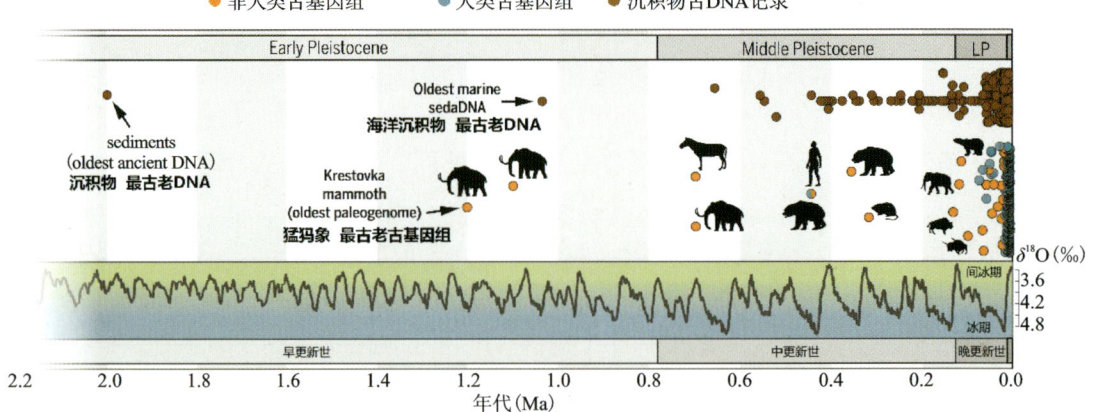

图 1-3　古 DNA 研究时间跨度(Dalén et al.,2023)

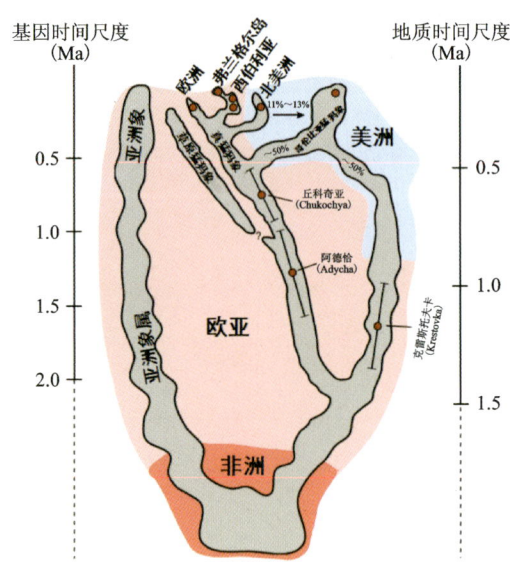

图 1-4　基于古基因组数据推测猛犸象的演化历史(Van der Valk et al.,2021)

截至目前,研究者从古代生物遗存中获取了大量古基因组,结合生物的现代遗传学数据,为阐明古代种群的系统发育地位、物种可能存在的地理谱系、动植物的驯化起源与扩散、种群更替模式、灭绝种与现生近缘物种的祖先在共存时的基因交流互动模式等研究提供了重要数据支撑(Fu et al.,2016;Prüfer et al.,2017;Gopalakrishnan et al.,2018;Delsuc et al.,2019;

Perri et al.,2021;Lipson et al.,2022;Fleskes et al.,2023;Allentoft et al.,2024)。

2022年10月,诺贝尔生理学与医学奖授予瑞典科学家斯万特·帕博(Svante Pääbo),以表彰他在"已灭绝人类基因组和人类进化的发现"方面的贡献,这彰显了古DNA在揭示人类自身演化和迁徙历史等研究中发挥的重要作用,使古DNA研究成为众人瞩目的焦点。

1.3.2 古DNA的降解与保存

在古代样品中,DNA分子通常会降解成为短片段(Pääbo,1989)。当生物体失去损伤修复机制时,生物细胞内的DNA分子会由于氧化、水解、微生物作用等一系列生化、物理作用产生不可逆转的降解(Hofreiter et al.,2001;Wilson et al.,2019)。但在部分生物遗存中,由于材料类型、埋藏环境、保存年代等条件比较理想,其中有少量遗传信息能跨越数万年的时间界限,以微量且高度片段化的DNA分子形式保存下来,为推测生物的演化历史研究提供重要分子数据,同时也为古DNA研究带来巨大的挑战。

1.3.2.1 古DNA分子降解机制

1)生物酶作用

当生物死亡后,若其遗骸一直是处于低温、高盐的埋藏环境中,或其软组织能够被快速地脱水干燥,可使核酸内切酶的结构被破坏而失去活性,DNA分子则不会被快速酶解为单核苷酸。古代材料处于上述状况下,其DNA分子仍会存在不同程度的降解,降解的主要原因是DNA脱嘌呤作用、氧化及水解反应(图1-5),但降解速度会变得相对缓慢。

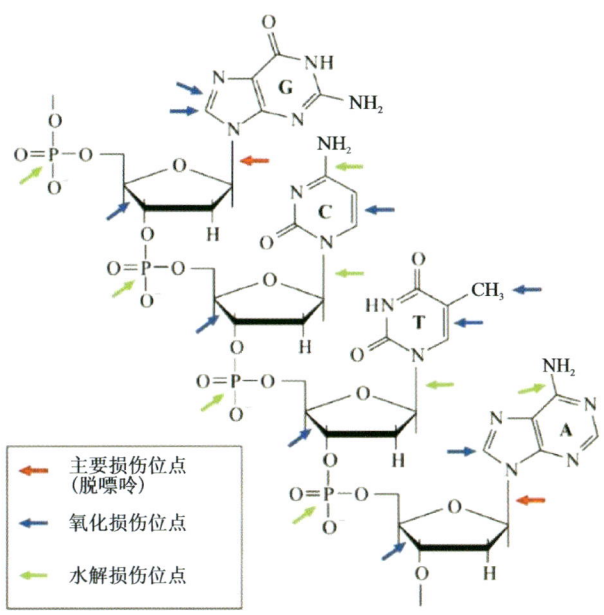

图1-5 古DNA损伤位点(Hofreiter et al.,2001)

2)脱嘌呤和脱氨作用

脱嘌呤会导致DNA片段中的鸟嘌呤(Guanine,G)和腺嘌呤(Adenine,A)从DNA链上脱落。

DNA 链在受到一些因素作用时更容易因脱嘌呤作用而发生断裂,从而使 DNA 链片段化。

脱氨作用是含氮碱基上的氨基在脱氨酶的作用下被移除,氨基酸分子变成羧基,如胞嘧啶(Cytosine,C)脱氨基后会生成尿嘧啶(Uracil,U)。生物活体可通过自身修复作用将 U 修复成胸腺嘧啶(Thymine,T),但生物死亡后,这些碱基突变将因损伤修复机制的崩解而不能得到修复。

3)氧化和水解作用

氧化作用与环境中的游离辐射相似,会导致碱基的改变或缺失。由于线粒体是细胞进行有氧代谢的中心,因此线粒体 DNA 相比于核 DNA 更容易受到氧化作用的影响(杨周岐等,2006)。水解反应会在连接五碳糖残基的 N-糖苷键和嘧啶碱基之间发生一定化学反应,从而破坏 DNA 序列片段,可能会导致 DNA 序列发生脱氨作用。

4)其他降解作用

有研究发现,土壤中的部分微生物也能够通过产生一些基因毒素来破坏生物遗骸中 DNA 分子的双螺旋结构(Wilson et al.,2019)。更有甚者,有些微生物能够依靠自身分解的酶来消化并降解部分内源性 DNA。Höss 等(1996)研究发现嘧啶(T、C)的衍生物阿脲酸、乙内酰脲能破坏内源性古 DNA,其含量与样品中能被 PCR 扩增出的古 DNA 量成反比。此外,DNA 分子的糖残基还能和蛋白质大分子通过缩合反应产生交联等。

1.3.2.2 古 DNA 分子的保存

对古 DNA 分子保存影响较大的因素有埋藏环境(如样品埋藏状况、埋藏环境 pH 及温度等)、样品类型、年代等。这些因素都直接影响生物遗存中内源性 DNA 的含量。

1)埋藏状况

在不同埋藏状况下,生物遗存材料中古 DNA 分子的保存情况不同。当生物个体死亡后,埋藏速率不同,其受到的氧化作用和风化作用等也不相同。若生物死亡后,能够被快速掩埋,就可以及时隔绝空气防止被氧化,能够在一定程度上提高保存古 DNA 的可能性。

2)埋藏环境 pH

埋藏环境的 pH 大小也会影响生物遗骸中古 DNA 的保存。一般认为,碱性土壤更有利于古 DNA 的保存。

3)温度

在诸多环境因素中,温度是决定古 DNA 保存年限的核心因素之一,较高的环境温度会加快 DNA 分子的降解(Hofreiter et al.,2001;Willerslev et al.,2004)。已有研究表明永久冻土中动物遗骸的古 DNA 分子可保存达上百万年(Van der Valk et al.,2021)。Allentoft 等(2012)曾控制埋藏环境 pH 相同,探究不同温度对古 DNA 分子衰变的影响,发现 DNA 分子在较低埋藏温度下的降解速率会比较高埋藏温度下的降解速率慢很多。Hofreiter 等(2015)结合全球各地土壤深度矫正和温度历史记录,推算古 DNA 保存概率,结果发现古代动物遗存 DNA 的保存状况及含量与实际相符。

4)遗存部位

相较于其他软体组织,生物遗存中的骨骼(特别是牙齿、颞骨等)较为致密且坚硬,更有利于古 DNA 分子的保存。有研究发现,在各种多变的环境中骨骼都能够在一定程度上有效地保护其中的古代 DNA 免遭破坏,主要原因是随着时间推移,在骨骼材料发生石化的过程中可能会形成一些能减缓内部 DNA 分子降解的晶体物质(Ginolhac et al.,2012)。动物骨骼材料中颞骨部位或许是研究古 DNA 最理想的材料,有研究者发现一些颞骨样品内源性古 DNA 的含量达到了 70%甚至更高(Gamba et al.,2014)。

除了动物颞骨材料,动物的牙齿也是较为理想的古 DNA 研究材料。牙齿材料的釉质层能够保护其内部的古 DNA 分子不受外界破坏,有效阻止外界微生物入侵该材料内部。近年来,研究者发现牙齿外部的牙结石也能够成为研究者用于古 DNA 研究的载体(Adler et al.,2013;Ziesemer et al.,2019;Velsko et al.,2024)。

1.3.3 古 DNA 分子特点

核苷酸由核糖、磷酸和碱基组成(图 1-6a),是构成 DNA 分子的基本单位。常见的碱基包括鸟嘌呤(G)、腺嘌呤(A)、胞嘧啶(C)、胸腺嘧啶(T)和尿嘧啶(U)5 种(图 1-6b)。在以 DNA 为遗传物质的生物体中,含氮碱基为 A、T、C 和 G 4 种;在以 RNA(Ribonucleic acid)为遗传物质的生物体中,含氮碱基为 A、U、C 和 G 4 种。

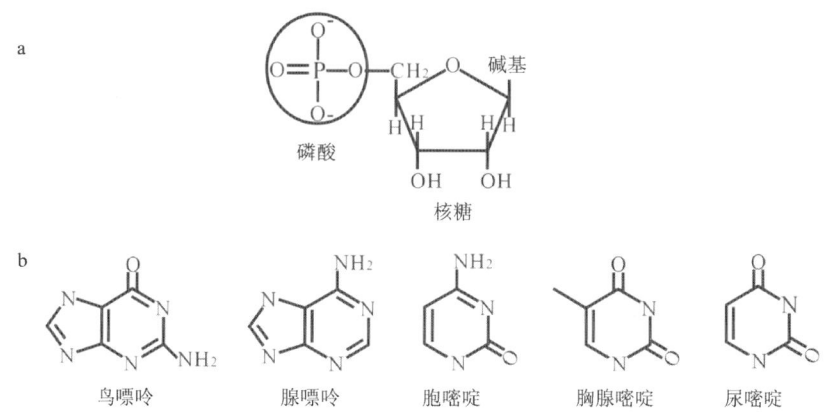

图 1-6 核苷酸(a)和含氮碱基(b)的分子结构

如前所述,在活体细胞内,虽然 DNA 分子不断遭受化学损伤,但是酶修复机制的存在会抵消这些损伤,从而保护基因组的完整性。然而,这种修复机制会随着生物体的死亡而逐渐崩解,同时细胞裂解释放出的核酸酶会致使 DNA 分子发生不可逆的降解,导致所有可恢复的 DNA 丢失(Dabney et al.,2013b)。干燥、低温冷冻或高盐等特殊环境条件能够抑制或缓解由核酸酶导致的 DNA 降解,然而生物材料中的 DNA 分子仍会受到化学氧化、水解和微生物分解等外界因素影响进一步发生降解(Hofreiter et al.,2001;Wilson et al.,2019)。因此,古 DNA 分子通常具有以下 3 个主要特征。

(1)古 DNA 分子片段长度较短。大量实验数据表明古 DNA 分子的片段长度一般主要集中分布在 40~500bp(Pääbo,1989)。

(2)生物个体自身基因组内的遗传物质较少,即表现出低内源性 DNA 含量。保存环境温度是影响生物体内源性 DNA 含量的核心因素,如极地地区生物残骸的内源性 DNA 含量一般要高于温带地区(Keighley et al.,2021)。

(3)古 DNA 分子有不同程度的碱基损伤(Orlando et al.,2021;宋世文等,2022)。碱基损伤通常发生在 DNA 链的 5′端和 3′端,如胞嘧啶(C)向胸腺嘧啶(T)的损伤发生在 5′端,而鸟嘌呤(G)向腺嘌呤(A)的损伤发生在 3′端(图 1-7),并且这两种损伤会逐渐积累在链端。

因此,正是由于古 DNA 分子具有上述特点,从而极大地限制了古 DNA 研究的进一步深入,给古 DNA 研究带来巨大的挑战。

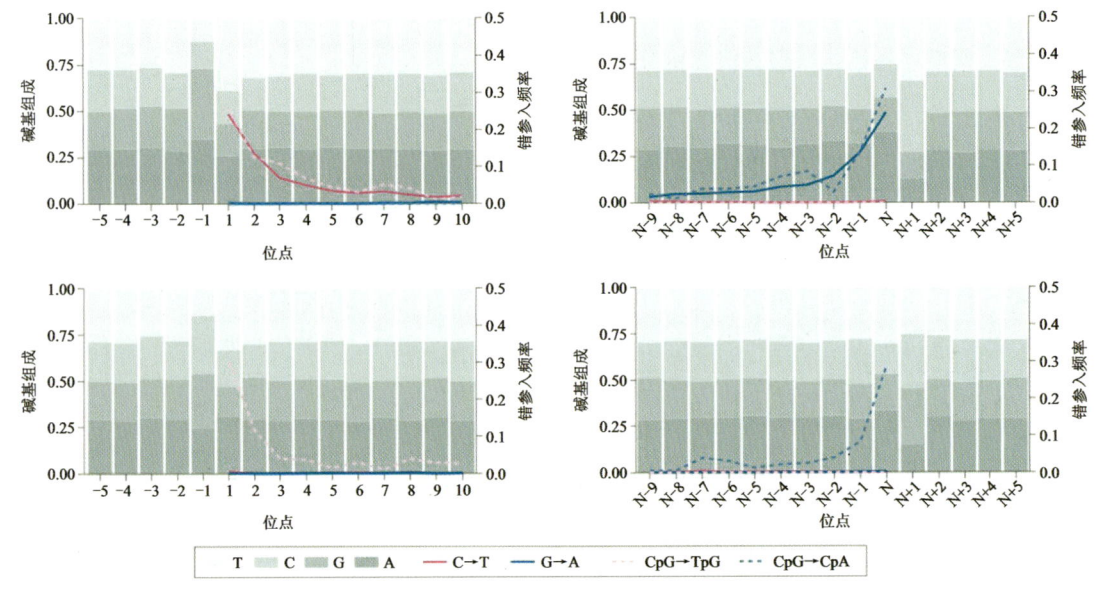

图 1-7 古 DNA 分子损伤模式(Orlando et al.,2021)

1.3.4 古 DNA 提取方法

古 DNA 提取是从动物遗骸中提取出来 DNA 分子,以获取其内源性的古 DNA 序列。古 DNA 研究者在开展相关研究时,一般来说,首先根据古 DNA 研究材料选择最为适合的提取方法以及最有效的纯化方式,这对其开展的古 DNA 实验最终能否获得古 DNA 片段十分重要。由于前述古 DNA 分子的特点,从古代遗存材料中提取古 DNA 的方法不同于现代样品 DNA 分子的提取。从动物骨骼遗存材料中提取古 DNA 常用的方法依分离纯化的介质不同有以下两种:①基于有机溶剂的蛋白酶 K-苯酚/氯仿萃取法;②基于硅粒的 GuSCN-玻璃珠法。面向古 DNA 提取商业化试剂盒的原理主要基于后者(Höss et al.,1996;蔡大伟等,2007),即利用二氧化硅颗粒能够吸附核酸的特性,将 DNA 从蛋白质、油脂等混合液中沉淀下来,然后改变温度等条件洗脱沉淀物以回收古 DNA。

Rohland 和 Hofreiter(2007)经过系统比较和评估较为常用的古 DNA 提取方法,提出了一种改进的硅粒古 DNA 提取方法:先将动物骨骼遗存材料研磨后加入 EDTA 和蛋白酶 K 缓冲溶液进行消解,再利用二氧化硅的吸附特性吸附其中的 DNA 分子,最后用 TE 溶液将 DNA 分子从硅粒上洗脱下来,即得到含目标 DNA 分子的提取液。

近年来,古 DNA 提取方法借鉴现代 DNA 抽提方法不断进行革新(Damgaard et al.,2015;Korlević et al,2015)。目前,硅离心柱法、磁珠试剂盒法等越来越多地应用于古 DNA 分子的提取。

需要注意的是,开展古代材料中 DNA 的提取时,需要采取严格的预防措施防范外源污染及样品之间的交叉污染。古 DNA 提取时防止污染是非常重要且紧迫的问题,关系到后续实验结果是否真实可信。污染源可能出现在不同时期,如样本埋藏、发掘和实验等时期。在埋藏过程中,生物遗骸可能会与其他个体有所接触从而造成交叉污染,土壤环境中的诸多细菌等微生物也是潜在的污染源;在发掘过程中,样品中可能存在的一些污染主要是发掘及样品收集工作者在工作时脱落的表皮死细胞、流出的汗液、脱落的头屑毛发等;在古 DNA 提取实验过程中,可能存在来自现代 DNA 的污染,或来自未灭菌的实验耗材、试剂及实验者操作不规范带来的污染等。

1.3.5 测序文库构建

适合二代 DNA 测序技术的分子文库主要有两种类型:单链测序文库(Meyer and Kircher,2010)和双链测序文库(Gansauge et al.,2013)。尽管这两种测序文库的构建原理不同,但其本质目的相同,都是为了将提取得到的古 DNA 分子最终转变成能被测序仪识别的文库分子,从而识别出 DNA 序列片段(宋凌峰等,2017)。

1.3.5.1 双链测序文库

双链测序文库的构建方法早于单链测序文库。若古代遗存材料中 DNA 的保存情况较好(古 DNA 片段长度超过 40 bp)时,构建双链测序文库能够获得比较好的实验结果,可大大降低实验成本(宋凌峰等,2017)。构建双链文库的主要步骤包括末端修复、接头连接、接头修饰、PCR 扩增,以及后续的文库纯化和测序等(图 1-8)。

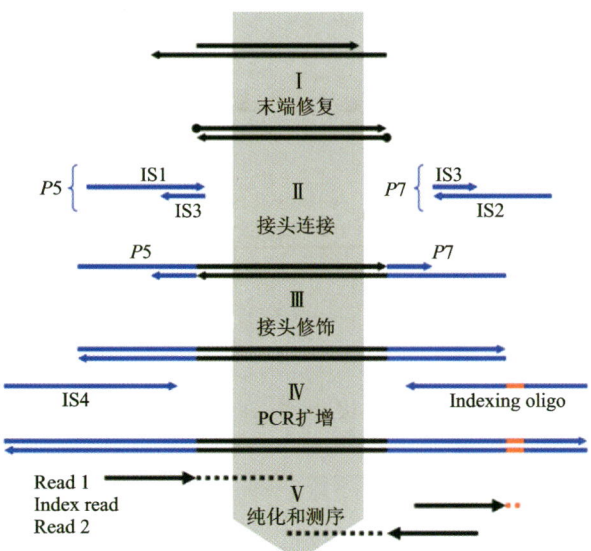

图 1-8 双链测序文库构建流程图(Meyer and Kircher,2010)

注:Indexing oligo. 标记寡核苷酸;Read 1. 序列 1;Read 2. 序列 2;Index read. 标记序列。

1.3.5.2 单链测序文库

古 DNA 单链测序文库相比于双链测序文库,能够更加高效地获取古代生物材料中的遗传信息。基于此,Gansauge 等(2013)优化出了专门用于古 DNA 小片段分子的单链分子文库建立方法。古 DNA 单链分子测序文库在构建时,会利用 DNA 分子在高温下进行变性解链的原理,使双链 DNA 分子解链成两条单链 DNA 分子,两条单链分子两端分别连接接头分子,并在酶的作用下完成 PCR 扩增复制反应(图 1-9)。单链测序文库在构建中首先利用古 DNA 分子的生物素化,使 DNA 分子与磁珠紧密连接,能在一定程度上减少小片段 DNA 分子的流失。当 DNA 双链分子经热变性处理转化成为两条单链分子时,每一条单链分子在文库构建中均具有被单独获取的机会,因而能够获得更多的遗传信息。若其中一条单链分子因

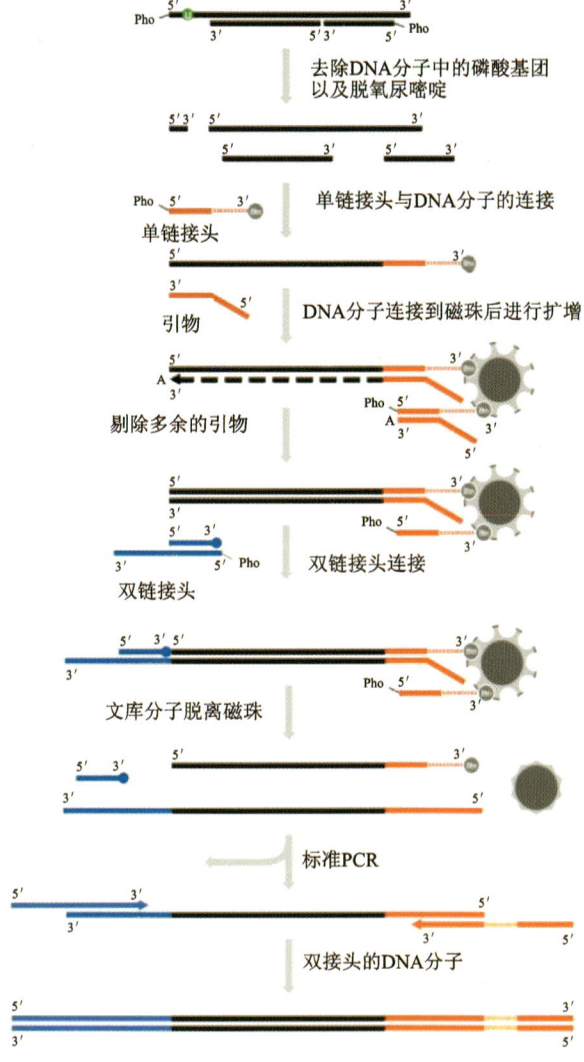

图 1-9 单链测序文库构建流程(Gansauge et al.,2013;宋凌峰等,2017)

注:Pho 表示磷酸基团。

片段末端发生了改变而不能与接头分子相连接时,另外一条单链分子仍具有与接头分子连接的可能性,所以构建单链DNA测序文库在一定程度上相当于提高了样品的内源性DNA含量。但单链测序文库在构建时所用的接头分子只适合在Illumina测序平台进行测序。另外,单链测序文库并不适合用于长片段的古代DNA分子建库,如果样品中古DNA保存状况较为理想、片段长度较长,更适合构建DNA双链测序文库(Gansauge et al.,2013;宋凌峰等,2017)。

1.3.6 当前面临的挑战

尽管古DNA研究方法取得了显著进展,但其在实际应用中仍面临诸多挑战。首先,古代DNA的降解问题仍然困扰着科学家。由于环境因素和时间的影响,古代遗骸中的DNA往往处于高度破碎和降解状态,这使得提取完整古基因组数据极为困难。其次,污染问题是古DNA研究中必须严密防控予以避免的关键。来自现代DNA的污染可能导致实验结果的偏差,因此需要采取严格的实验室管理和污染防护措施。此外,样本稀缺性也限制了古DNA研究的广度和深度。许多第四纪哺乳动物化石保存不佳,或仅有少量个体留存下来,导致研究样本极为有限。面对这些挑战,科学家们不断探索新的技术方法,如基因组杂交捕获和纳米孔测序等,能一定程度克服现有技术的局限,进一步推进古基因组学研究的发展。

1.4 形态学与古基因组学的整合研究

随着科学技术的进步,跨学科整合研究方法在第四纪哺乳动物研究中变得越来越重要。形态学、古DNA分析、同位素分析、古生态学等方法的结合,为深入理解哺乳动物的适应性演化和种群动态提供了更为全面的视角。通过整合研究,科学家得以克服单一学科的局限性,揭示出更多隐藏的演化规律。

1.4.1 古DNA与形态学研究的互补性

古DNA与传统形态学研究在古生物研究中具有重要的互补性。形态学研究依赖于对宏观或微观形态特征的观察和分析,而古DNA分析则通过获取生物细胞中的遗传信息揭示物种的基因流动、遗传多样性以及亲缘关系。这种双重证据的结合,可以为古生物研究提供更为全面和准确的结论。例如,对采自西伯利亚形态学上被鉴定为欧洲野驴(*Equus hydruntinus*)的晚更新世马科化石材料进行分子研究,发现该样品形成一个独立谱系,与其他欧洲野驴亲缘关系相对较远(Orlando et al.,2009),后经进一步的形态学分析认为这些马科化石材料应属于奥氏马(*Equus ovodovi*)(Eisenmann and Sergej,2011)。

真猛犸象的系统发育地位问题长期困扰着古生物学家。Miller等(2008)获取了已灭绝真猛犸象的全基因组,基于所获取的真猛犸象基因组及现生亚洲象(*Elephas maximus*)、非洲象(*Loxodonta africana*)的遗传学数据构建的分子系统发育树显示:相对于非洲象,真猛犸象与现生的亚洲象亲缘关系较近,解决了多年来争论不休的长鼻目动物的系统演化关系问题。另外,形态学研究显示真猛犸象的化石材料存在一定的形态差异,尤其是在不同地区的个体之间。然而,通过古 DNA 分析,研究人员发现不同地区真猛犸象之间的基因交流频繁,表明它们并非独立的物种或亚种,形态差异是同一物种内不同个体遗传变异的体现。这些发现显著改变了人们对真猛犸象进化历史的理解(Dehasque et al.,2024)。

此外,在对披毛犀化石材料的研究中,形态学方法难以识别出其种群结构的多样性,而古 DNA 研究揭示了披毛犀的不同种群在基因上有显著差异。形态学和古 DNA 数据的结合,进一步证实了这些种群可能经历了不同的演化路径,从而揭示了物种在适应环境变化时的复杂性(Fordham et al.,2024)。

1.4.2 多学科交叉的研究趋势

当前,跨学科交叉研究已经成为古生物学的重要发展趋势。传统的单一形态学研究尽管提供了重要的分类信息,但在应对复杂的生物演化问题时往往显得力不从心。古 DNA 方法的发展,为形态学研究提供了强有力的补充,使得物种的分类和演化历史研究变得更加精确。结合同位素分析、古生态学等其他手段,研究人员能够重建出更加全面的物种进化和环境变化历史。

1.5 本书涵盖研究范围

本书旨在通过整合形态学、古基因组学、年代学等多学科研究方法,深入探讨中国北方晚更新世大型食草哺乳动物的适应性演化、种群动态以及灭绝过程。核心研究问题包括传统形态学研究中物种分类的误差及其对进化树重建的影响,古基因组学如何揭示物种的系统发育地位、遗传多样性、迁徙路径以及历史时期不同种群的基因互动,中国北方大型食草哺乳动物群体在气候变化和人类干扰下的演化模式与灭绝原因。

本书将解决部分物种在传统形态学研究中存在的分类和亲缘关系界定模糊问题,并通过古 DNA 技术揭示物种在面对气候变化时的演化模式和遗传变异。为此,本书内容聚焦第四纪中国北方大型食草哺乳动物群体,重点关注马科、骆驼科和犀科动物,主要包括奥氏马、大连马(*Equus dalianensis*)、家驴(*Equus asinus*)、家养双峰驼(*Camelus bactrianus*)、诺氏驼和披毛犀等典型物种。通过对这些物种的遗存材料开展古 DNA 研究并进行分析,笔者试图完善、重建其种群演化历史,并探讨它们在气候变迁和人类活动下的适应性反应。研究时间跨度涵盖了更新世晚期至全新世时期,地理范围包括中国北方的广袤区域。

第 2 章 马科动物古基因组研究

马科动物(Equidae)化石是第四纪地层中一类重要的化石遗存,在生物地层划分中具有重要指示意义(邓涛,1997),也是研究生物演化及其与人类活动联系的教科书级范例。马作为更新世—全新世草原上一个重要类群,在人类社会文明发展历程中发挥了非常重要的作用。在分类学上,所有现生马物种都属于同一个属,即马属(Equus)(图 2-1)。一般认为,马属动物在 60Ma 起源于北美洲的 Pliohippus 属,在 2.5Ma 气候转寒事件中通过白令陆桥迅速扩散到欧亚大陆(邓涛,1997)。马属在欧亚大陆的演化形成了多种谱系,其中的一支在更新世早期演化为真马(同号文,2002)。

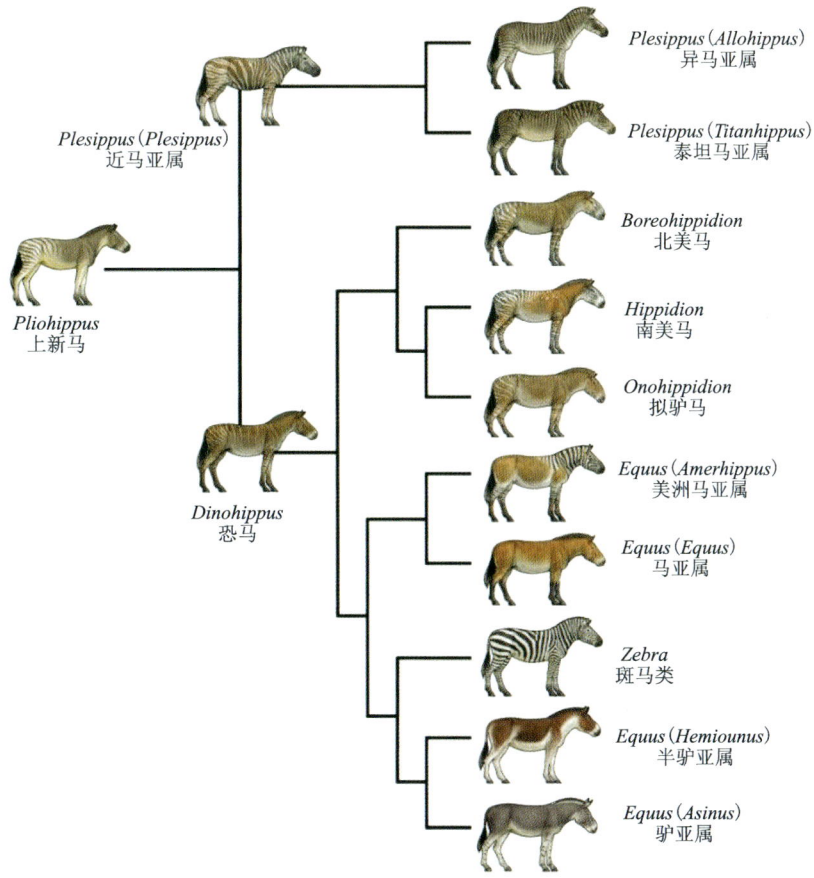

图 2-1 真马系统关系示意图(孙博阳,2018)

尽管马与人类关系密切、马属化石材料丰富,古生物学家基于形态学分析也勾勒出了其在地质历史时期演化谱系草图(MacFadden,2005),但人们对更新世以来马演化历程中一些关键科学问题的认识还比较模糊(周信学等,1985),特别是对一些灭绝种的系统发育地位、灭绝种与现生种之间的谱系演化关系、在历史时期不同种群共存时的基因流动以及现代马科动物的驯化起源等问题的认识还非常有限。近年来,基于古代和现代分子生物学数据重建马科动物基因变化史,为人们更为清晰地认识马科成员的系统演化关系提供了关键分子证据(Orlando et al.,2013;de Barros Damgaard et al.,2018;Vershinina et al.,2021)。

2.1 奥氏马分子演化研究

2.1.1 奥氏马的首次分子识别

现生马科动物只有 1 个属,即马属,包括 7 个野生种,即普氏野马(*Equus przewalskii*)、细纹斑马(*Equus grevyi*)、山斑马(*Equus zebra*)、平原斑马(*Equus burchellii*)、亚洲野驴(也常被称作蒙古野驴)(*Equus hemionus*)、非洲野驴(*Equus africanus*)、藏野驴(*Equus kiang*),以及 2 种家养类型,即家马(*Equus caballus*)和家驴(同号文,2002),参见图 2-2。

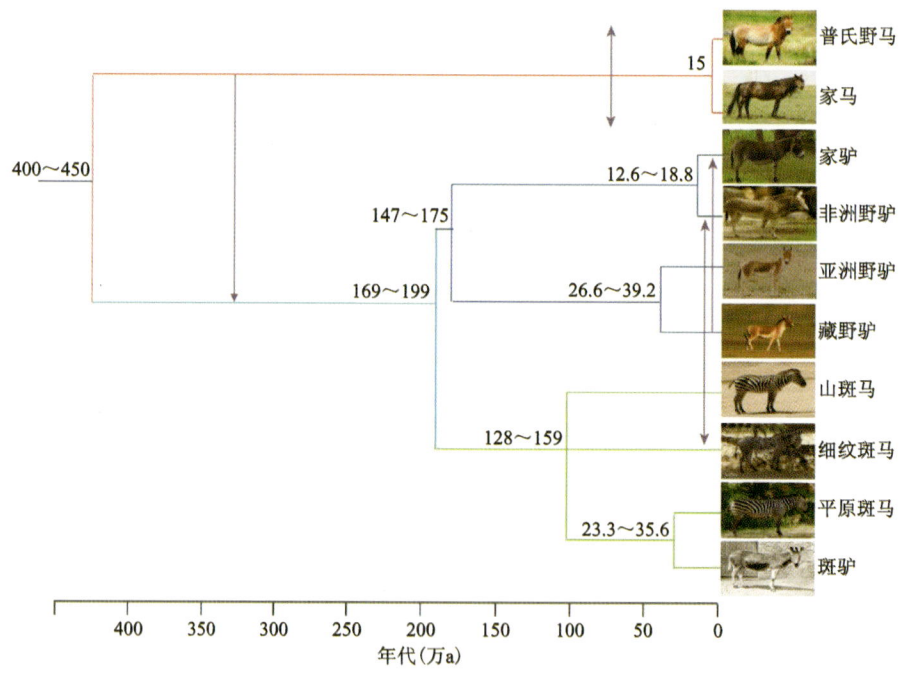

图 2-2 现生马科动物与已灭绝斑驴的分子演化关系、基因流动及分歧时间(白东义等,2017)

现生马科动物只占马属进化史上很小的一部分,Sussemionus 亚属就是其中遗失的一支。Sussemionus 是最近才被描述的一个马亚属,该亚属被认为起源于上新世的阿拉斯加,其代表种曾广泛分布于北美、欧亚大陆和非洲(Eisenmann,2010;Eisenmann and Sergej,2011)。尽管 Sussemionus 亚属的化石材料丰富,但其进化历史尚不太清楚。以前,古生物学者曾认为该亚属的所有成员在距今50万a前的中更新世就已全部灭绝(Eisenmann,2010)。然而,令人颇感意外的是,分子遗传学者Ludovic Orlando对俄罗斯西伯利亚地区两个洞穴(Proskuriakova和Denisova洞)中距今约5万a的3个欧洲野驴样本开展DNA分析,基于D-loop区序列构建的分子系统发育树(图2-3)显示这3个马科个体聚为一个独立的谱系,落在旧大陆(欧亚及非洲大陆)non-caballine型马分支中,且与其他欧洲野驴样本的遗传距离相对较远(Orlando et al.,2009)。

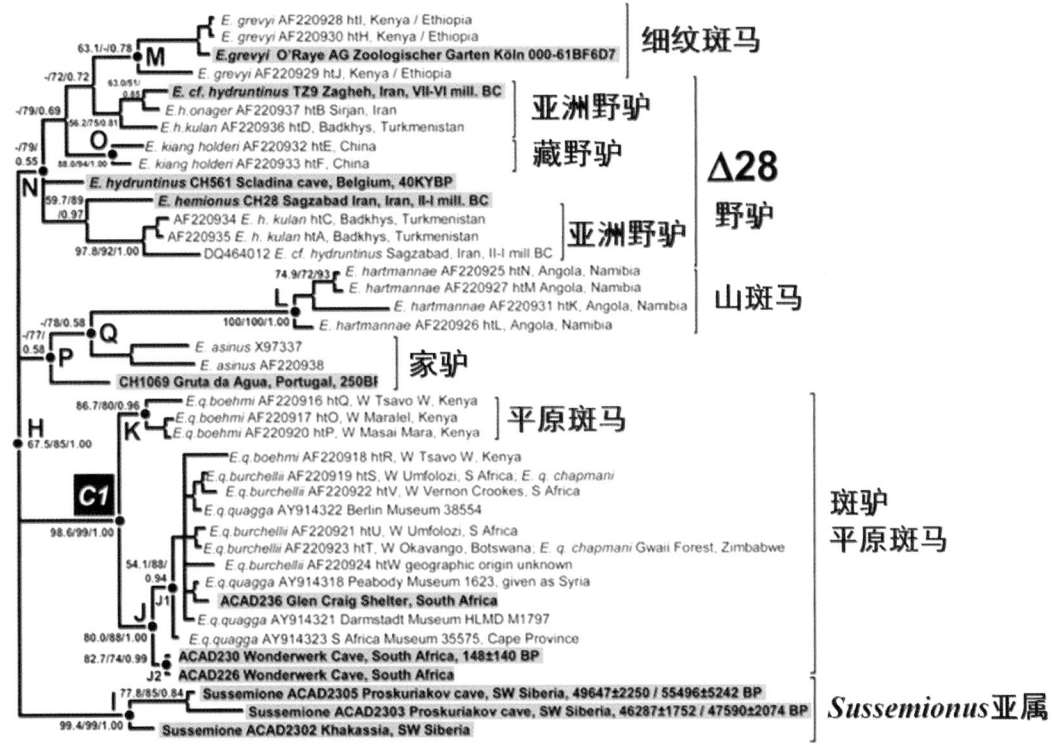

图2-3 基于马科部分线粒体D-loop序列构建的系统发育树(Orlando et al.,2009)
注:分支节点处数字(如99.4/99/1.00)表示节点自展支持率/似然法比检验值/贝叶斯后验概率。

随后,Eisenmann和Sergej(2011)又经过进一步的形态学分析,发现这些马科材料应属于 Sussemionus 亚属的一个灭绝种,将其命名为奥氏马(Equus (Sussemionus) ovodovi n. sp.)。也就是说,Sussemionus 亚属至少有一个成员——奥氏马,在俄罗斯西伯利亚地区延续生存到了晚更新世时期(图2-4)。Orlando等(2009)的成果揭开了马科 Sussemionus 亚属的神秘成员——奥氏马研究的序幕。

图2-4 西伯利亚地区晚更新世奥氏马材料
(Eisenmann and Sergej,2011)

2.1.2 奥氏马的分子系统发育地位

Vilstrup 等(2013)研究了马属所有现生种以及一些灭绝种的完整线粒体基因组,运用贝叶斯法和最大似然法构建的分子系统发育树均显示:马属动物分为马(caballine)和非马(non-caballine)2 个支系。在非马支系中,又分为 3 个分支:①斑马分支。山斑马单独聚为一支,细纹斑马、普通斑马及已灭绝斑驴聚为另外一个姊妹群。②驴分支。非洲野驴与家驴聚在一起,并与亚洲野驴、藏野驴互为姊妹群。③灭绝种奥氏马分支。该分支处于非马支系根部位置(图 2-5a)。

另外,Druzhkova 等(2017)获取了俄罗斯西伯利亚 Denisova 洞距今约 32 000a 的一个奥氏马标本完整线粒体基因组,结合 Vilstrup 等(2013)所得到的奥氏马线粒体基因组及美国国家生物技术信息中心(National Center for Biotechnology Information,NCBI)其他马科同源序列,重建的母系系统发育树揭示:所分析的奥氏马个体聚为一个独立的遗传谱系并处于 non-caballine 分支根部位置。相比于驴支系而言,奥氏马与斑马支系有着较近的遗传距离(图 2-5b)。

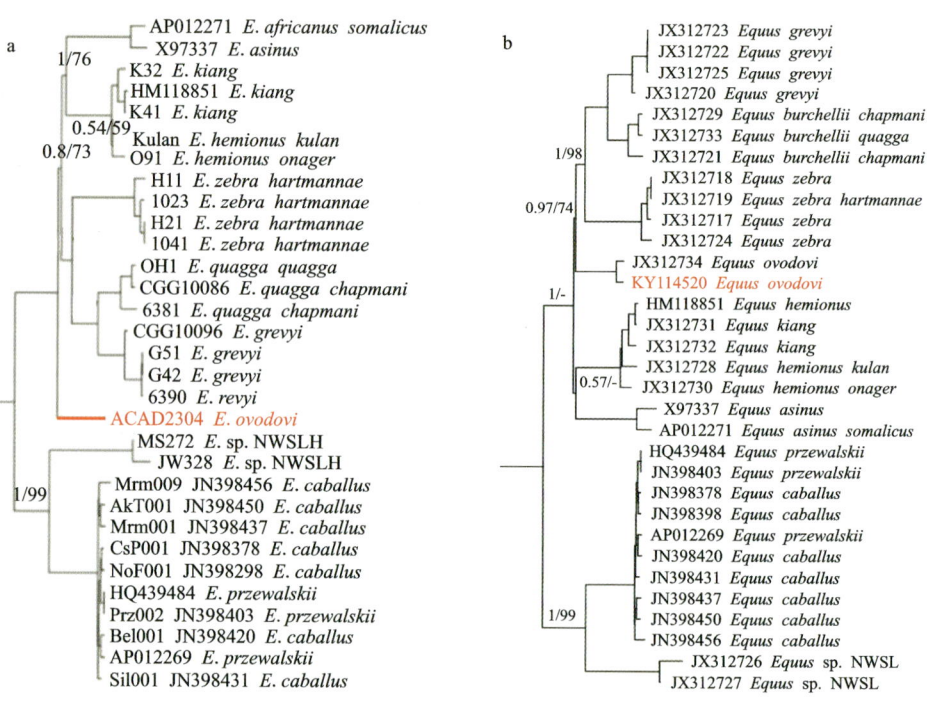

图 2-5 基于西伯利亚奥氏马线粒体基因组及 NCBI 数据库中马科同源序列构建的系统发育树
(Vilstrup et al.,2013;Druzhkova et al.,2017)
注:节点处数字(如 1/76)表示后验概率/自展支持率。

应该注意的是,上述研究构建的马科分子系统发育树的自展支持率都较低(Vilstrup et al.,2013;Druzhkova et al.,2017),在线粒体基因组层面灭绝种奥氏马的精确系统发育地位还存有争议。

第 2 章 马科动物古基因组研究

最近,笔者课题组采用分子杂交捕获技术,从采自黑龙江省肇东市太平乡古河道3个晚更新世马化石样品(图2-6)[放射性^{14}C测年结果为距今(34 950±250)a、(25 160±110)a及(10 780±60)a]中成功获取到完整线粒体基因组(Yuan et al.,2019)。这3个马科化石材料在形态学分类上曾被鉴定认为是大连马。

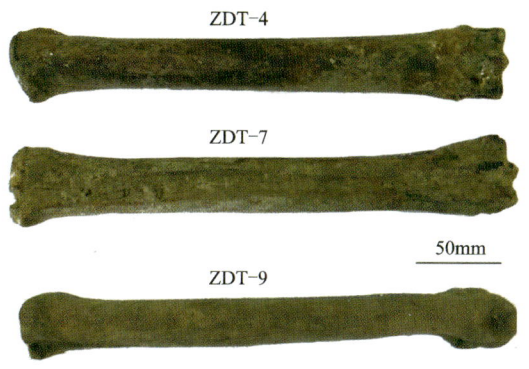

图2-6 黑龙江省肇东市太平乡3个晚更新世奥氏马标本(Yuan et al.,2019)

Yuan 等(2019)利用马科完整线粒体基因组进行的系统发育分析(图2-7)显示:这3个马科个体与俄罗斯西伯利亚地区3个晚更新世奥氏马个体聚在一起,并形成一个独立的谱系,基于分子数据确认这3个肇东马科标本应属于灭绝种奥氏马。这是该灭绝种在中国晚更新世地层中的首次发现,同时也是晚更新世时期奥氏马在俄罗斯以外地区存在的首次报道。这一研究成果不仅丰富了晚更新世时期我国北方地区马科成员的种类,而且大大扩大了灭绝种奥氏马在晚更新世时期已知的地理分布范围。另外,基于完整线粒体基因组构建的最大似然系统发育树显示:奥氏马落在non-caballine分支内,奥氏马与斑马支系的亲缘关系较近。但与前述Vilstrup等(2013)、Druzhkova等(2017)研究不同的是,在non-caballine分支内,驴支系首先产生分歧(Yuan et al.,2019)。综上,基于完整线粒体基因组奥氏马与驴、斑马支系之间精确的系统演化关系还不太清晰,有待于从核基因组水平上开展进一步的分析研究。

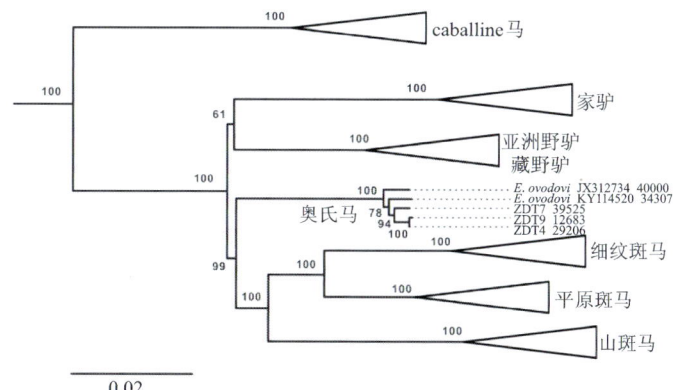

图2-7 基于肇东晚更新世奥氏马及NCBI数据库中马科完整线粒体基因组构建的最大似然系统发育树(Yuan et al.,2019)

注:节点处数字表示自展支持率;0.02表示数字比例尺。后文同。

Cai 等(2022)从我国黑龙江省洪河、陕西省木柱柱梁以及宁夏回族自治区沙塘北塬 3 个考古遗址 26 个距今 4400～3400a 马属样品中获取其全基因组，经分子识别这些样品均为奥氏马。该项研究也是首次获取已灭绝奥氏马的高质量全基因组数据(测序深度达 13.4×)。Cai 等(2022)研究发现奥氏马属于马属动物除马、斑马和驴 3 个亚属之外的第四个亚属，并在中国一直存活到青铜时代。另外，构建的母系系统发育树显示奥氏马支系进一步分化为 A、B 两个谱系(图 2-8)。A 谱系仅包括采自黑龙江洪河、陕西木柱柱梁遗址的 4 个全新世奥氏马样品，而 B 谱系的时-空分布范围更广，包括采自俄罗斯 Proskuriakova、Denisova 洞穴和黑龙江肇东的晚更新世奥氏马样品，以及黑龙江洪河、宁夏沙塘北塬考古遗址的全新世奥氏马样品。

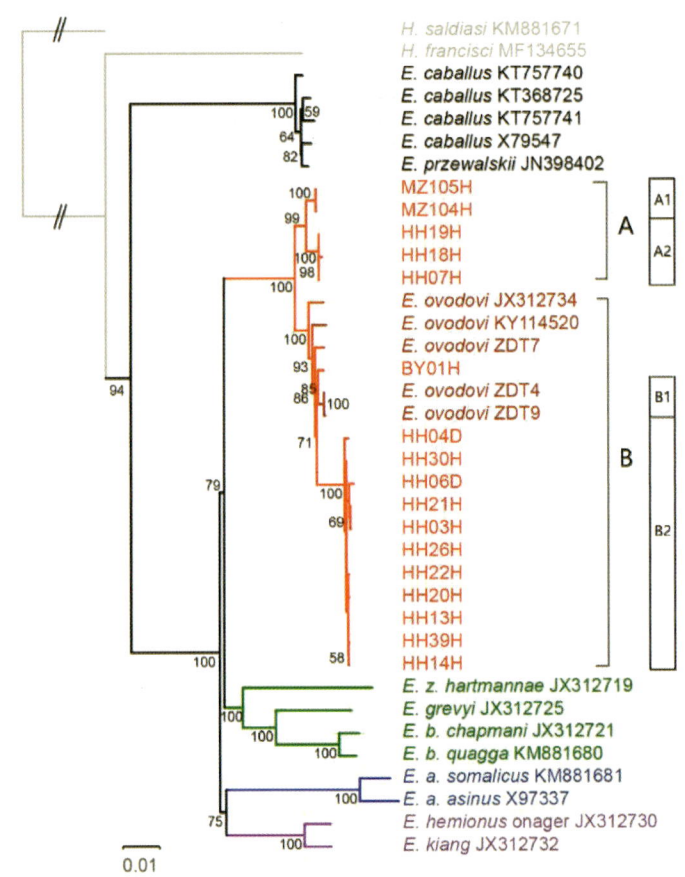

图 2-8　基于 3 个考古遗址全新世奥氏马完整线粒体基因组及 NCBI 数据库中马科同源序列构建的最大似然系统发育树(Cai et al.，2022)

2.1.3　奥氏马与其他马科成员间的基因流动

在自然界中，种间杂交现象比较普遍(Westbury et al.，2020；Yuan et al.，2024)。尽管现生马科动物的染色体数目从 16～33 对不等，不同种间也存在有广泛的杂交现象(Jónsson et al.，2014)。例如，家马(2n=64)和家驴(2n=62)种间杂交产生骡(*Equus ferus×asinus*)，细纹斑马(2n=46)与非洲野驴(2n=62 或 64)种间杂交产生斑驴。

Cai 等(2022)曾追踪到 3.4Ma,马属动物系统发育树最先产生分歧的 caballine 与 non-caballine 支系之间存在较为显著的基因流动,且主要是从 caballine 支系流向所有 non-caballine 马的祖先。此外,在 non-caballine 分支内,现代驴支系(*E. asinus*,*E. kiang*,*E. hemionus*)与斑马支系(*E. burchellii*,*E. grevyi*,*E. zebra*)分离后,已灭绝奥氏马与现代驴支系的祖先之间可能至少发生了一次杂交事件,斑马支系对奥氏马存在 15.4%～25.9%的遗传贡献(图 2-9)。

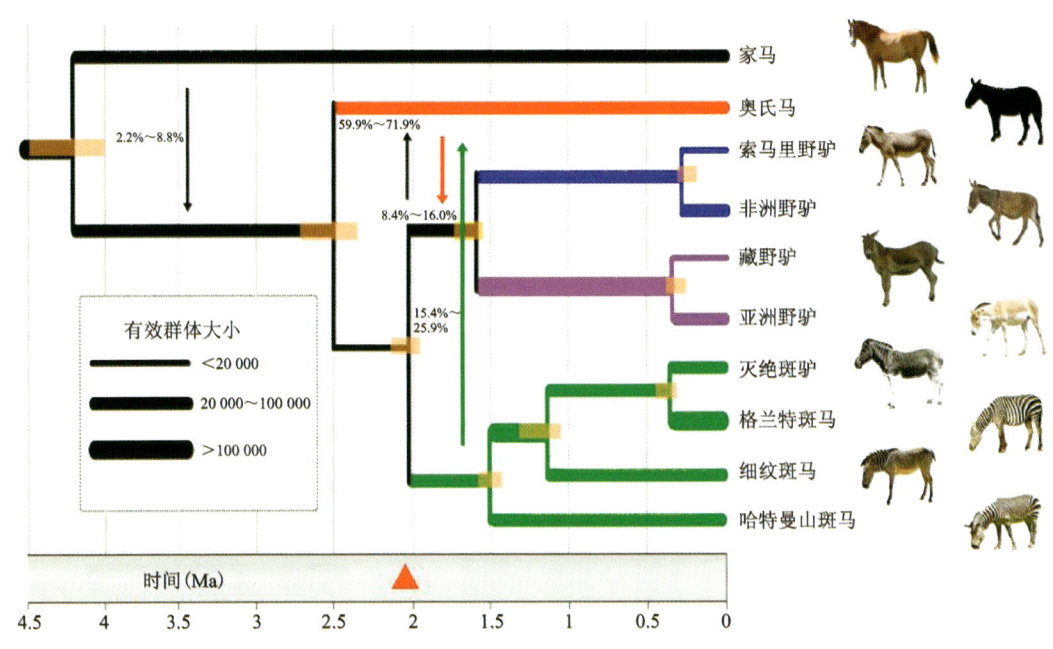

图 2-9　马科动物种间的基因流动(Cai et al.,2022)

2.1.4　全新世晚期奥氏马的灭绝

根据现有研究,奥氏马的最晚记录是出土于中国东北地区洪河遗址距今约 3400a 的化石材料。Cai 等(2022)利用成对序列马可夫共祖先分析(Pairwise sequential Markovian coalescent,PSMC)从核基因组水平推断了 4 种欧亚马科动物(奥氏马、蒙古野驴、藏野驴和家马)种群规模变化历史。研究表明奥氏马在距今 7.4 万 a 左右达到群体规模峰值,随后其种群数量经历了一个急剧收缩阶段,这与人类在欧亚大陆快速扩张的时间基本一致(Henn et al.,2012)。大约在距今 1.3 万 a 前,奥氏马的种群规模逐渐趋于稳定,保持在一个较小的种群规模水平直至最终灭绝(图 2-10)。

核苷酸多样性水平(Nucleotide diversity,π)是评价生物资源遗传多样性的重要依据之一,种群遗传多样性的高低能够在一定程度上反映种群对环境的适应能力以及演化历史(Hadly et al.,2004;Lister and Stuart,2008)。Yuan 等(2019)从线粒体水平上比较了晚更新世奥氏马与现代细纹斑马、山斑马、平原斑马、亚洲野驴、非洲野驴和藏野驴遗传多样性大小。研究显示,晚更新世奥氏马仅比濒危物种藏野驴和细纹斑马核苷酸多样性稍高(图 2-11)。

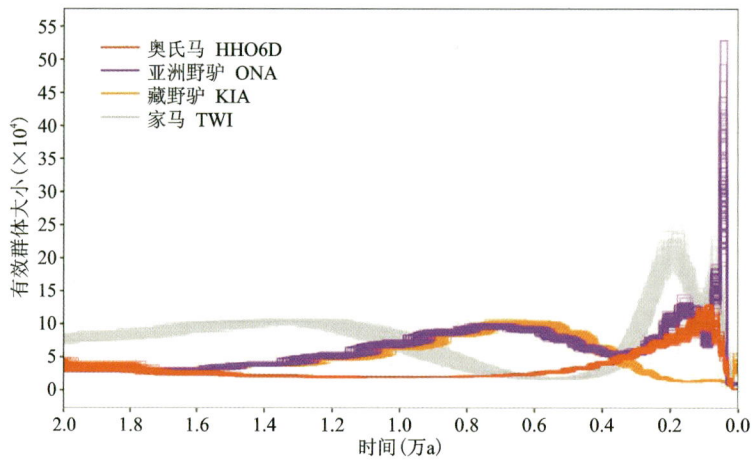

图 2-10　欧亚大陆 4 种马科动物的种群历史动态（Cai et al.，2022）

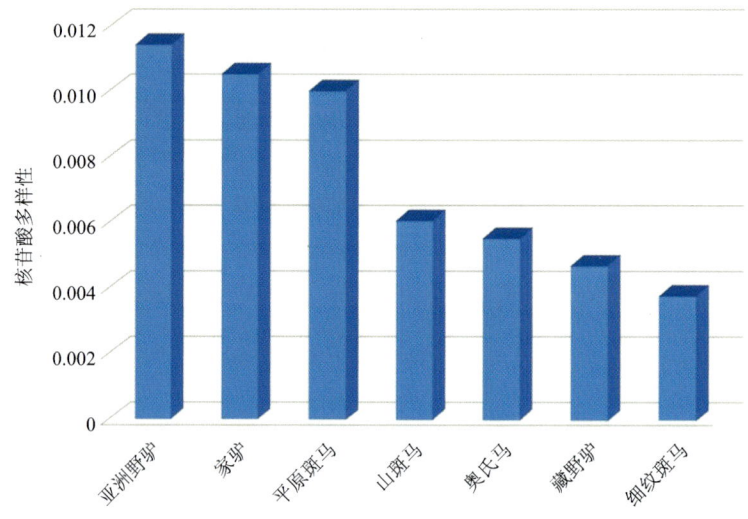

图 2-11　基于完整线粒体基因组比较晚更新世奥氏马与现代斑马、
驴支系物种遗传多样性水平（Yuan et al.，2019）

另据笔者研究组未发表的数据，从线粒体基因组层面，相比于晚更新世，奥氏马在全新世时期的遗传多样性有一定程度的下降（图 2-12），这可能是由气候环境变化以及人类扩张挤占了奥氏马的生存空间，使其生境破碎、种群减小导致。Lister 和 Stuart（2008）也发现许多动物在其灭绝的过程中在一定程度上都伴随着遗传多样性的缺失。通过对晚更新世、全新世时期奥氏马遗传多样性水平的对比（图 2-12），推测遗传多样性缺失或许是导致奥氏马最终走向灭绝的主要原因之一。

此外，Cai 等（2022）对比分析了奥氏马与现生马科动物的基因杂合度及近亲繁殖水平，研究表明奥氏马的基因组杂合性（genomic heterozygosity）最小、近亲繁殖水平（inbreeding levels）中等（图 2-13）。该研究指出使奥氏马丢失生存机会并导致其最终灭绝的原因可能是有限的种群规模和由此降低的遗传多样性，而非特别增强的近亲繁殖。这一研究结论与笔者前述推论相一致（图 2-12、图 2-13）。

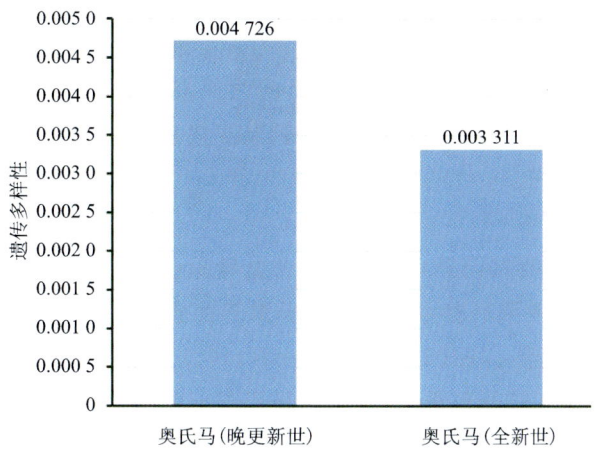

图 2-12 基于完整线粒体基因组比较晚更新世—全新世时期奥氏马遗传多样性水平(据笔者课题组未发表数据)

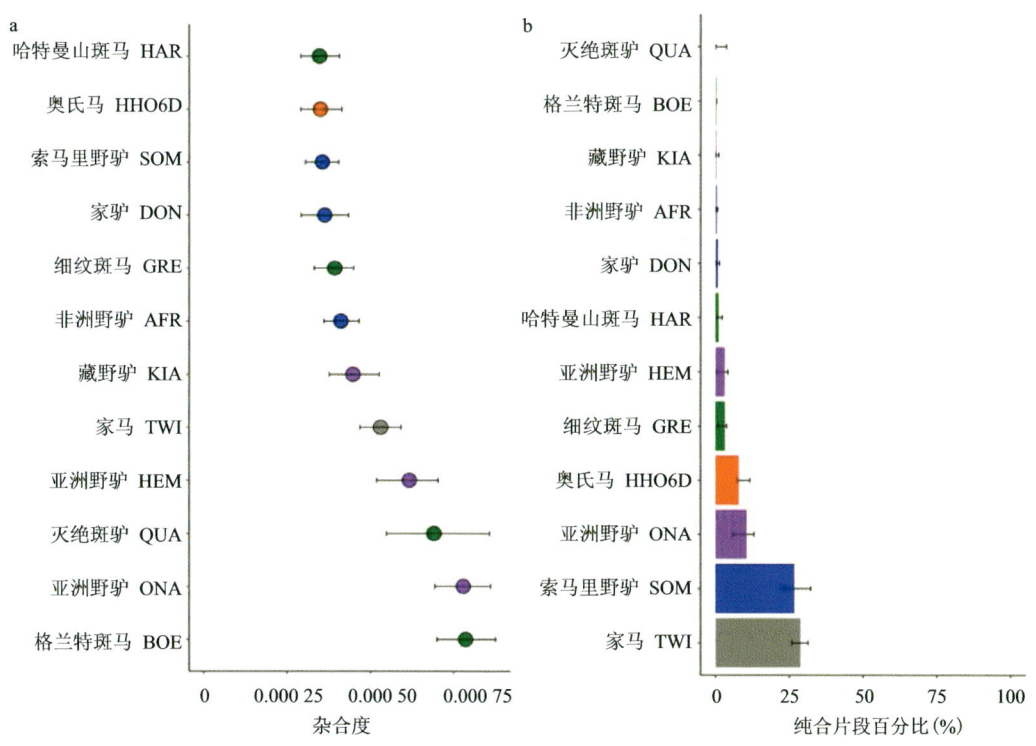

图 2-13 马科不同谱系的杂合性和近亲繁殖水平(Cai et al.,2022)

2.2 大连马古基因组研究

经形态学分析及分子鉴定,截至目前,学界在中国北方地区的晚更新世地层中发现有 4 种马科化石材料(Yuan et al.,2019)。一种是前面所述的奥氏马,其形态学特征更接近于蒙古野驴、欧洲野驴;另外3种分别是普氏野马、大连马和普通马。普氏野马是一种小型野马,在东北、华北晚更新世地层中较常见。大连马(Equus dalianensis sp. nov)是古生物学者对辽宁省大连复县(今瓦房店市)古龙山洞穴堆积中发现的马遗骸材料命名的马科一个新种,其正型标本保存在大连自然博物馆(图2-14),馆藏编号为V821996(周信学等,1985)。大连马是原产于我国的一种已灭绝野马,其身材较普氏野马更为高大。古生物学者对我国普通马遗存材料的描述相对较少。

马科 Equidae Gray,1821

马属 *Equus* Linneaus,1785

大连马 *Equus dalianensis* sp. nov

图2-14 大连马正型标本图(大连自然博物馆刘思昭提供)

大连古龙山动物群的时代为距今4万~2万a,该地点的马科化石材料包括大型野马(大连马)、小型野马(普氏野马)和蒙古野驴。在我国东北地区很多晚更新世动物群中也发现大连马与普氏野马化石种共生(周信学等,1985;董为等,1996)。截至目前,相对于普氏野马化石种而言,人们对大连马的关注度较低,其相关研究成果相对较为薄弱,有关大连马起源、迁徙、时空分布及其与同时代其他野马的演化关系等问题的认识仍较为模糊。

2.2.1 大连马系统发育地位

2.2.1.1 形态学分析

我国发现的早期马化石材料相对较少,但自晚中新世和上新世以来,马类化石开始变得丰富,上新世的地层中保存有大量的三趾马化石(*Hiparion*)(薛祥煦和张云翔,1994;同号文,2002)。早更新世时期,三门马(*Equus sanmeniensis*)是我国北方地区的典型代表动物,时代分布延续至中更新世末期甚至到晚更新世早期(蔡保全和尹继才,1992;薛祥煦和张云翔,1994)。我国北方中更新世至晚更新世地层中发现的比三门马进步的种有北京马(*Equus beijingensis*)、普氏野马、大连马等(周信学等,1985;邓涛和薛祥煦,1998)。

北京马是我国最早的caballoid型真马,仅见于周口店第21地点,时代为中更新世晚期或晚更新世早期(刘后一,1963;邓涛和薛祥煦,1998)。北京马是一种形体较为高大的野马,刘后一(1963)认为三门马可能是北京马的祖先。欧洲学者把 *Equus mosbachensis* 当作大型野马（*Equus remagensis*）的祖先种。邓涛和薛祥煦（1998）推测北京马的祖先应是 *Equus mosbachensis*，它是由欧洲或北美迁入我国的。

普氏野马曾分布于我国新疆的准噶尔盆地和蒙古国的干旱荒漠草原地带，又被称为准噶尔野马或蒙古野马。在我国北方晚更新世地层中，普氏野马是一种很常见的小型野马（徐钦琦等，1985；董为等，1996）。它也是当今世界上唯一现生的野马，多数人认为普氏野马在自然界中已经灭绝，目前全世界仅人工饲养着大约1300匹。有学者指出普氏野马很可能是三门马或与三门马相近的马的后裔，但由于 stenonid 型的三门马是 caballoid 型的普氏野马的祖先，从时间上来说不成立，又由于北京马的外谷与普氏野马外谷较为接近，邓涛和薛祥煦（1998）分析普氏野马的直接祖先可能是北京马。也有学者曾认为现代家马是普氏野马的后裔，但来自分子生物学的证据不支持此观点（Jansen et al.，2002）。

从化石记录看，大连马在晚更新世时期广泛分布于我国东北地区。大连马是一种大型野马，不过个体比北京马稍小一些，在大连复县古龙山动物群中发现普氏野马与大连马共生（周信学等，1985）。另外，大连马的头骨特征与普氏野马也很相似，推测大连马与普氏野马亲缘关系较近，它们两者之间没有祖裔关系，可能是北京马的后代平行进化的结果（邓涛和薛祥煦，1998）。综上，基于形态学分析，大连马与更新世其他马种之间的谱系演化关系还不是十分清晰。

2.2.1.2 古基因组分析

古基因组数据提供了一种强有力的手段来重建已灭绝生物的分子系统发育地位，也从根本上改变了人们对许多代表性生物演化历史的认识。Yuan 等（2020）对出土于黑龙江省肇东、松花江流域哈尔滨江段 8 个大连马样本、1 个采自黑龙江省通河县普氏野马样本（时代均为晚更新世）的完整线粒体基因组进行了测序和分析。Yuan 等（2020）取得的成果也是到目前为止唯一一篇对大连马古基因组进行研究的公开报道。

Yuan 等（2020）利用所获取的大连马和普氏野马古基因组结合 NCBI 数据库中马科同源序列，构建的分子系统发育树（图 2-15）显示：马科动物首先分为 caballine 和 non-caballine 分支。其中，caballine 分支分成 3 个谱系（即谱系 I、II 和 III）：现代普氏野马和家马聚为谱系 I；美洲晚更新世马聚为一个独立的遗传谱系（谱系 III）；我国晚更新世大连马和普氏野马个体与俄罗斯的一个晚更新世古代马个体聚为一个独立的分支（谱系 II），该谱系并没有与现代马聚在一起，则谱系 II 很可能代表一个已灭绝的谱系。另外，该研究还表明晚更新世普氏野马与现代普氏野马从母系遗传上并未聚在一起。根据目前的分析，caballine 型马谱系 I 个体广泛分布在欧亚大陆，谱系 II 主要分布在东北亚，而谱系 III 主要分布在美洲。Yuan 等（2020）指出进一步调查谱系 II 的地理分布将是未来研究的重要内容之一。

总之，该项研究从分子水平揭示了我国北方地区晚更新世 *Equus* 属的两个重要成员大连马与普氏野马化石种的系统发育地位，两者在线粒体基因组层面具有较近的亲缘关系（Yuan et al.，2020），这一研究成果与基于形态学分析得出的结论相一致（邓涛和薛祥煦，1998）。

此外，Yuan 等（2020）利用现代普氏野马、普氏野马化石种及大连马完整线粒体基因组还构建了中介网络图，研究结果同样显示我国东北晚更新世普氏野马样本落在大连马样本分支内，两个种未能形成各自独立的母系遗传谱系（图 2-16）。由此可见，目前基于线粒体基因组

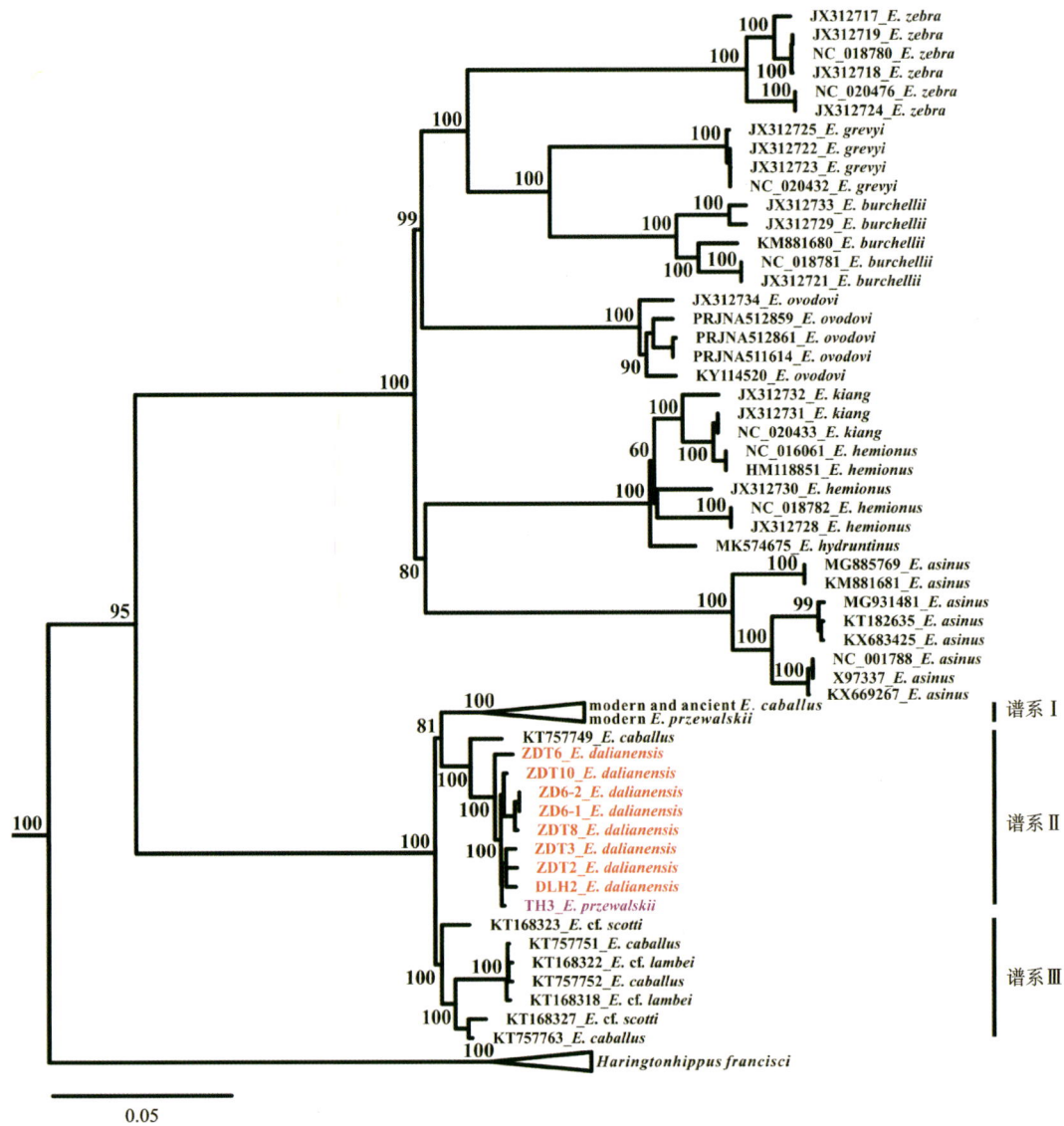

图 2-15　基于大连马、普氏野马化石种及 NCBI 数据库中马科完整线粒体
基因组构建的最大似然系统发育树（Yuan et al.，2020）

的研究不能把大连马与普氏野马化石种区分开。在现生马科动物藏野驴和蒙古野驴中也曾观察到类似的现象（Rosenbom et al.，2015）。尽管目前藏野驴和蒙古野驴分布在不同的地理区域，Rosenbom 等（2015）认为在晚更新世或最晚全新世早期，藏野驴和蒙古野驴之间曾存在过基因流事件。已有的古基因组研究成果表明，马科动物不同物种间在历史时期存在广泛的基因流动（Cai et al.，2022）。晚更新世时期，大连马与普氏野马化石种在我国东北地区很多动物群中共存（周信学等，1985；董为等，1996）。另外，基于构建的母系系统发育树无法把大连马与普氏野马化石种区分开，两者之间很大可能也存在种间基因交流情况，从而模糊了它们之间的谱系演化关系信号。当然，还有另外一种解释就是大连马与普氏野马化石种还未达到种一级的差别，这一解释需要从核基因组水平进行深入分析。

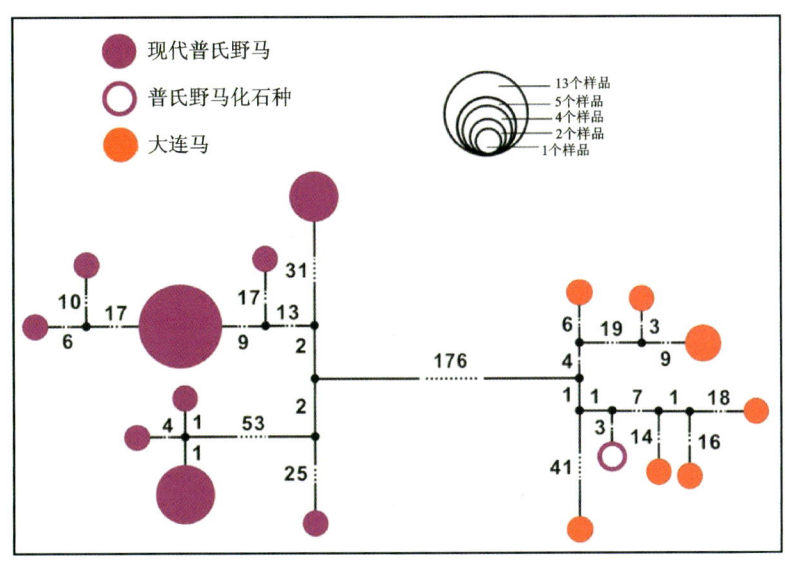

图 2-16 利用现代普氏野马、普氏野马化石种及大连马完整线粒体
基因组构建的中介网络图(Yuan et al.,2020)

注:两个单倍型之间的突变数量显示在虚线处。

2.2.2 马科不同谱系的分歧时间

根据化石记录,迄今为止最古老的 caballine 型马记录被认为是起源于早维拉方时期(1.9~1.3Ma)内布拉斯加州红云组(Eisenmann,1992)。Orlando 等(2013)使用阿拉斯加1个中更新世马(0.78~0.56Ma)核基因组开展研究,估算出所有马的最近共同祖先(The time to the most recent common ancestor, TMRCA)出现在 4.5~4.0Ma。使用上述节点的年代以及样品 ^{14}C 测年校正年代中值或地层年代进行分子钟校准,Yuan 等(2020)根据马科完整线粒体基因组推断出新大陆(美洲)与旧大陆(欧亚与非洲)caballine 型马种群之间的分歧时间约为 1.02Ma(95%置信区间:1.24~0.86Ma)(图 2-17),该结果比 Heintzman 等(2017)估计的分歧时间略早。

根据化石记录,美洲已灭绝种群 *Equus* cf. *scotti* 是已知最早 caballine 型马的代表(Eisenmann,1992),但在 *Equus* cf. *scotti* 出现之前,可能还有其他 caballine 型马种群。截至目前,在西伯利亚地区发现了欧亚大陆最古老的 caballine 马遗骸,其年代可追溯到 0.7Ma(Sher,1986)。

由上所述,化石记录(邓涛和薛祥煦,1998)和分子钟估算(图 2-17)均表明,caballine 型马可能在早更新世晚期或中更新世早期从北美迁徙到欧亚大陆。此外,Yuan 等(2020)构建的带分子钟系统发育树还表明,欧亚 caballine 型马谱系Ⅰ和谱系Ⅱ之间的分歧时间可追溯到大约 0.88Ma(图 2-17)。据此推测,caballine 型马通过白令陆桥从北美迁入欧亚大陆后不久,caballine 马在旧大陆快速演化为不同的类群。

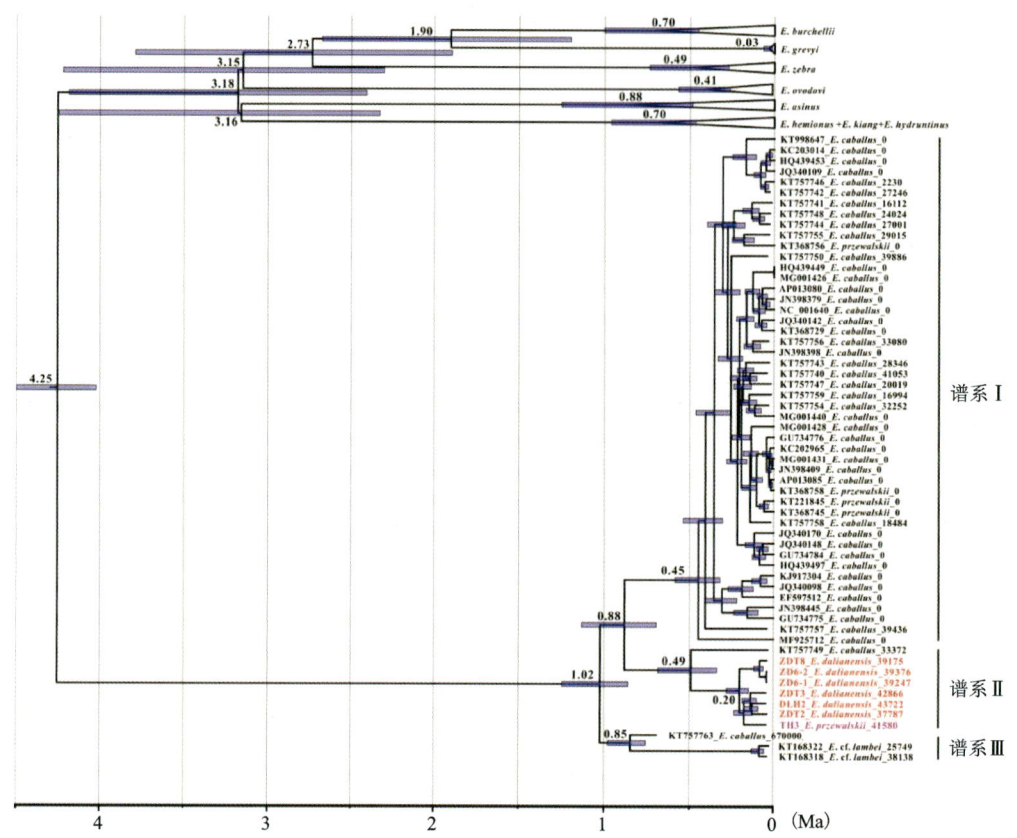

图 2-17 基于大连马、普氏野马化石种完整线粒体基因组及 NCBI 数据库中马科同源序列构建的带分子钟贝叶斯系统发育树(采用 root-tip-dating 校正方法)(Yuan et al., 2020)

注:节点处数字表示后验概率;蓝色线代表谱系分歧时间 95% 置信区间。

2.2.3 大连马遗传多样性

与马科其他成员相比,我国北方地区晚更新世大连马表现出相对较低的核苷酸多样性水平,与现代普氏野马相似,略高于目前仅限于小地理范围的细纹斑马(表 2-1)。现代普氏野马和细纹斑马种群在演化过程中都经历了严重的瓶颈事件,遭受了遗传多样性的损失(Cordingley et al., 2009; Goto et al., 2011)。低核苷酸多样性可能意味着大连马在其演化史上经历了一个或多个瓶颈,或者其种群规模一直受到限制,维持在一个较低的水平。

表 2-1 基于马科完整线粒体基因组估算不同种群核苷酸多样性(Yuan et al., 2020)

种类	核苷酸多样性	种类	核苷酸多样性
蒙古野驴	0.011 095	家马	0.004 930
平原斑马	0.010 068	藏野驴	0.004 736
亚洲野驴	0.009 745	现代普氏野马	0.002 942
山斑马	0.006 183	大连马	0.002 825
奥氏马	0.005 283	细纹斑马	0.000 355

"猛犸象-披毛犀动物群"大型哺乳动物群的分布深受第四纪气候环境的影响(Lorenzen et al.,2011)。一些大型哺乳动物在晚更新世末期全球范围内迅速灭绝,灭绝种与现生近缘物种在演化过程中的存亡差异,很可能反映了不同种群对第四纪气候环境变化和人类活动等驱动下的响应模式不同(赖旭龙等,2023)。有学者研究了同样属于喜冷的大型哺乳动物真猛犸象,结果发现弗兰格尔岛全新世(距今 4300a)真猛犸象相比于西伯利亚东北部晚更新世(距今约 45 000a)真猛犸象,其基因杂合度降低了 20%,基于整个基因组等位基因位点的纯合度升高了 28 倍(Palkopoulou et al.,2015)。由此,研究者推测弗兰格尔岛地区的真猛犸象在走向灭绝之前,可能经历了比较严重的遗传多样性降低过程。Lister 和 Stuart(2008)的研究发现许多物种在其灭绝过程中在一定程度上都伴随着遗传多样性的缺失。因此,遗传多样性缺失或许是导致大连马最终走向灭绝的主要原因之一。

综上所述,Yuan 等(2020)开展的古基因组研究在更新世马属的代表中建立了一个独立线粒体遗传谱系。然而,从有限数量的个体、单一遗传标记无法提供确凿的证据重建大连马演化过程的全貌。为充分了解大连马这一我国重要马科物种的进化历史,显然需要大量古基因组数据,特别是从核基因组水平上进行分析尤为重要。

2.3 中国家驴的古基因组研究

驴的驯化改变了非洲和亚洲许多地区的古代交通系统以及早期城市和牧民社会的组织,是人类历史上一个非常重要的事件。驯化伊始,驴就作为驮运动物工作于广大农区,促进了人类农耕文明的进步。同时,家驴与骆驼一起并称为"沙漠之舟",是广大干旱地区以及古丝绸之路沿线国家的重要运载工具,拓展了早期人类活动的空间。

近年来,随着现代化进程的发展、各种机械化设备的推进,家驴在农耕及运输方面发挥的作用日益降低。目前,尽管世界范围内家驴数量均已呈大幅度下降趋势,它们仍然是现代社会生活在山区、沙漠及世界上较为贫困地区人们的基本交通工具。驴的驯化对人类社会文明的发展历程发挥了重要作用,令人遗憾的是,与其他家畜(如家马、牛、羊等)相比,学者对家驴所开展的科学研究相对较少,与家驴相关的科学文献还尚显薄弱,人们对其驯化起源、迁徙扩散历史的了解还较为欠缺。

2.3.1 家驴的驯化起源

2.3.1.1 考古学记录

驴在考古记录中并不常见,动物驯化早期阶段的标记也很难确定,因此确定家驴的最早驯化时间及地点一直是很有挑战性的工作。目前,关于家驴的考古学研究尚处于起步阶段,现有的考古证据尚不能提供清晰的线索解开"究竟谁是现代家驴的祖先,谁是早期驯化它的人"这些迷惑。

历史上,人们曾认为是古埃及人最先驯化了非洲野驴(Clutton-Brock,1992)。迄今为止,人们发现的最古老家驴遗骸来自埃及中部的 Abydos 墓葬遗址。Rossel 等（2008）基于 Abydos 遗址距今约 5000a 前 10 具驴骨架和 53 具现代驴与非洲野驴骨架进行的对比研究，提供了驴用作运输使用的最早证据及驴驯化早期的古病理学指标。研究结果显示 Abydos 遗址所有驴骨骼都表现出一系列与负重相一致的骨病理学特征，即从该遗址中出土的这 10 具驴骨架具有明显的驮负痕迹。与野驴的形态相似性表明，尽管家驴被用作驮畜，但在埃及王朝早期，家驴仍在经历相当大的表型变化，其驯化过程比以前认为的要慢（Rossel et al.，2008）。

非洲撒哈拉地区在距今约 5000a 前逐渐沙漠化，沙漠化会驱使当地人群到水源相对充沛的地方寻找水源，由此促使人们驯化当地的动物用作交通工具。在该历史地理背景下，很多学者认为驴的驯化起源于北非（Clutton-Brock，1992；Beja-Pereira et al.，2004；Kimura et al.，2011；Ma et al.，2020）。此外，非洲野驴性情温顺、不易受惊、耐受能力好，且家驴至今仍保留着一些热带动物所共有的特性，如适于在温暖干燥的气候下生活，耐热，耐饥饿等，为驴驯化起源于北非提供了佐证。

与家马相比，家驴的遗骸在早期的考古遗址中并不常见，并且早期驴遗存材料的驯化特征常常比较模糊，难以确定其是否已经被驯养。因此，精确定位驴驯化的时间、地点和扩散路线就成了学界亟待解决的课题。

2.3.1.2 遗传学研究

来自分子遗传学的研究显示，家驴的驯化地均指向非洲东北部，证实了家驴的非洲起源学说（Beja-Pereira et al.，2004；Kimura et al.，2011，2013；Kefena et al.，2014）。

近年来，分子生物学者对世界各地现代、古代驴的线粒体 DNA 开展了一些研究，结果表明现代家驴有两个母系谱系来源，即谱系 1（努比亚野驴谱系）和谱系 2（未知祖先种群谱系）（Ivankovic et al.，2002；Aranguren-Mendez et al.，2004；Wang et al.，2022b）。家驴谱系 1 和谱系 2 的种群结构特征如图 2-18 所示。古代阿特拉斯野驴（蓝色）、历史时期努比亚野驴（深黄色）和索马里野驴（粉色）的分布区域如图 2-19 所示。另外，染色体核型分析表明亚洲野驴的核型 2n=56，非洲野驴的核型 2n=62 或 64，可见现代家驴的核型（2n=62）与非洲野驴接近，而与亚洲野驴差异很大。

使用荧光标记的微卫星标记对来自中国、埃及、西班牙和秘鲁的 395 个现代雄性驴样本进行研究，结果表明在所研究的驴样本中共鉴定出 21 个单倍型，对应 3 个单倍型组，表明家驴至少有 3 个独立的父系遗传谱系（Han et al.，2017）。

Ivankovic 等（2002）对克罗地亚 3 个家驴品种线粒体 DNA 的 D-loop 序列进行了分析研究，认为家驴很可能是起源于非洲野驴。

Aranguren-Mendez 等（2004）研究了 8 个驴种（2 个非洲驴种和 6 个西班牙驴种）的部分线粒体 DNA 序列，对 79 个样本进行了细胞色素 b（Cytochrome b，Cyt b）基因的测序，并对 91 个样本的 D-loop 序列进行测序，通过序列比对和系统发育分析也证实了家驴的非洲起源学说。

图 2-18 家驴谱系 1 和谱系 2 的种群结构特征(Ma et al.,2020)

注:绿色代表亚洲野驴的单倍型,深红色代表索马里野驴的单倍体,靛蓝色代表谱系 1 的单倍体,洋红色代表谱系 2 的单倍型。

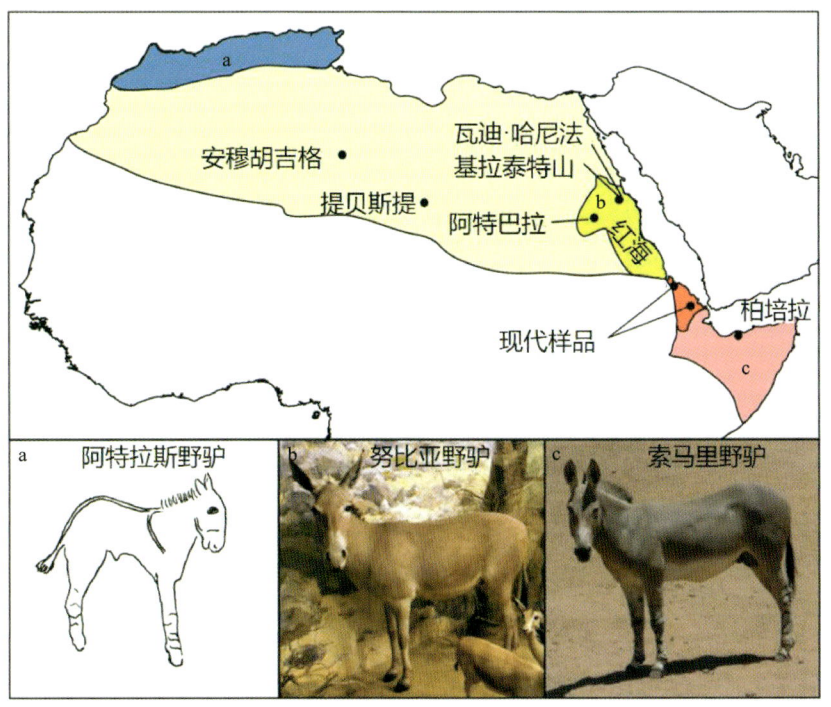

图 2-19 古代阿特拉斯野驴(蓝色)、历史时期努比亚野驴(深黄色)和
索马里野驴(粉色)的分布区域(Kimura et al.,2011)

Beja-Pereira 等(2004)进一步扩大了样品的采集范围,对亚洲、欧洲和非洲 52 个国家现代家驴样品的线粒体 DNA 序列的 479 个位点进行系统发育分析,发现家驴和非洲野驴聚集在同一谱系,并且研究结果也显示非洲东北部的家驴线粒体 DNA 具有较高的遗传多样性,证实家驴很可能是在该地区首先被驯化。而亚洲野驴与家驴的亲缘关系较远,因此被排除在现代家驴的祖先之外。该项研究还认为在距今大约 5000a 前,非洲野驴经历了 2 次不同的驯化过程,形成了目前世界上不同品种家驴的 2 个线粒体谱系。另外,Beja-Pereira 等(2004)利用完整 $Cyt\ b$ 基因序列估算了这 2 个家驴谱系祖先的线粒体分化时间在 $0.910\sim0.303\mathrm{Ma}$(图 2-20)。

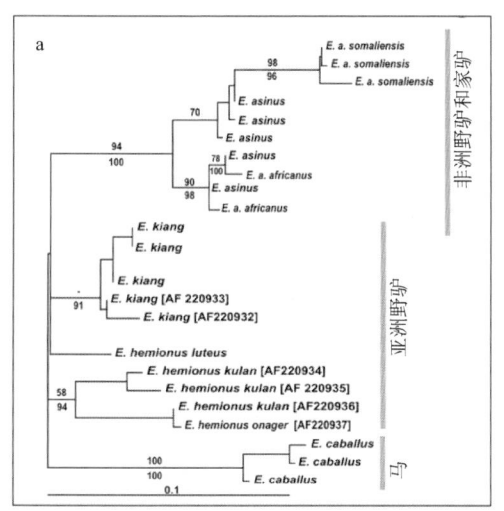
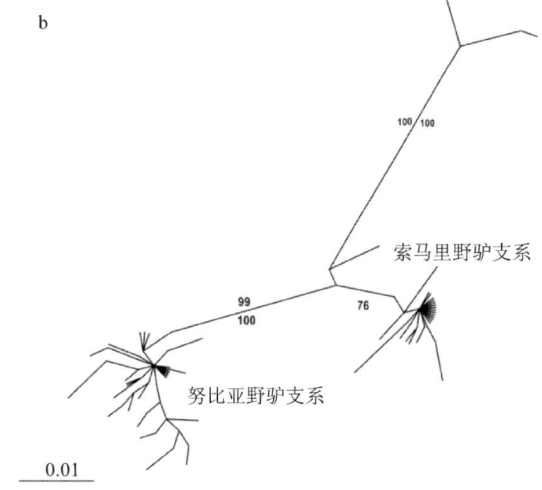

图 2-20 现代家驴的非洲起源(a)及代表现代家驴 2 个非洲谱系起源的系统发育网络图(b)(Beja-Pereira et al.,2004)

Kimura 等(2011)从来自考古遗迹和博物馆的部分非洲野驴样品中首次获取到古代非洲野驴标本的遗传信息,并结合现代索马里野驴的粪便和驴皮样品的线粒体 DNA 序列进行分析。该研究结果也显示现代家驴有 2 个独立驯化母系来源,即谱系 1 和谱系 2,这 2 个谱系之间有 10 个变异位点(图 2-21)。古代努比亚野驴样品分散在谱系 1 中,说明古代努比亚野驴应为谱系 1 中家驴的野生祖先。Kimura 等(2011)的研究发现索马里野驴谱系与努比亚野驴、家驴的线粒体 DNA 相比均存在较大的差别,古代索马里野驴支系与谱系 2 之间存在 12 个变异位点。另外,这一研究还表明谱系 1、谱系 2 和古代索马里野驴支系的最近共同祖先生活在 0.1Ma 左右,意味着非洲东部野生驴群很早就被至少分成了 3 个类群,其中的 2 个群体被驯化。

Kimura 等(2013)认为古代索马里野驴不可能是谱系 2 的野生祖先,谱系 2 中家驴的野生祖先可能是另一个已经灭绝的、目前尚未被发现的野驴种群,如阿特拉斯野驴、也门野驴,或是一种现已灭绝、尚未被人们发现的幽灵种群。

尽管目前的研究成果把古代索马里野驴排除在世界各地家驴的野生祖先之外,也有研究表明索马里野驴可能对部分地区的现代家驴存有一定的基因贡献。Kefena 等(2014)分析了埃塞俄比亚东北部阿瓦什山谷家驴的部分线粒体 DNA,发现该地区家驴与索马里野驴共存,

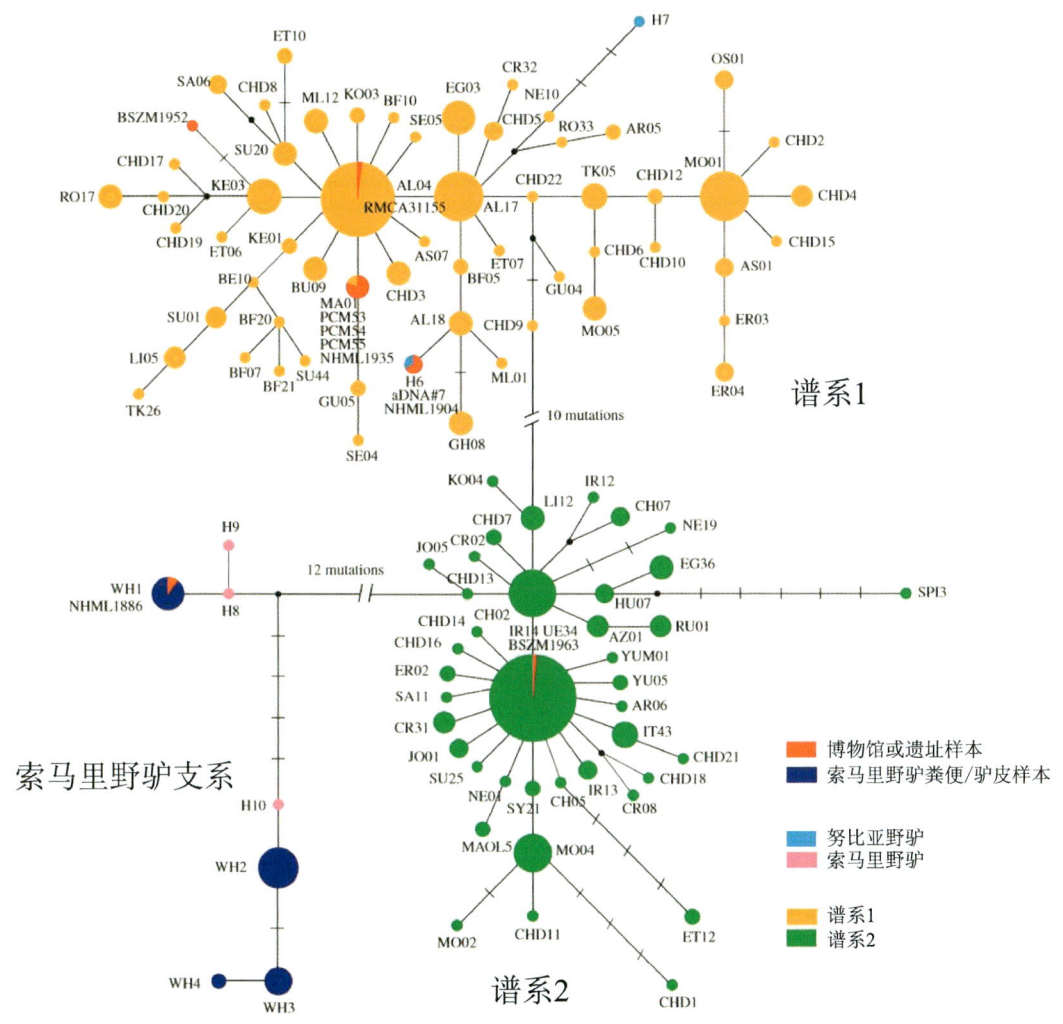

图 2-21 家驴和野驴线粒体单倍型中介网络图(Kimura et al.,2011)

注:mutations.变异位点。后文同。

认为两者间存在一定程度的基因流动,使得该地区家驴的遗传多样性水平高于西班牙家驴、中国家驴、索马里野驴和家驴谱系 2 种群。

对驴线粒体 DNA 的分子研究清楚地定义了参与驯化的 2 个不同母系谱系,然而这 2 个谱系的驯化历史仍然是谜。系统地理学分析表明,非洲东北部可能是驴第一个最有可能的驯化中心(Xia et al.,2019)。另外,Ma 等(2020)从全球范围内进行抽样调查,其中包括该研究中获得的 171 条家驴序列(包括中亚、东亚和非洲的样本)和 NCBI 公共数据库中已发表的 536 条同源序列(包括欧洲、亚洲和非洲的样本),比较了家驴 2 个谱系之间的群体遗传学特征。基于完整线粒体基因组和部分非编码 D-loop 区序列的分析,显示家驴的这 2 个谱系能被清楚地分开。8000 多年前,谱系 1 的种群规模有所增加,并显示出复杂的单倍型网络结构。相比之下,谱系 2 的种群规模保持相对稳定,单倍型网络较为简单。

尽管家驴的 2 个谱系在欧亚大陆的分布范围几乎相等,但它们在非洲大部分地区仍表现出明显但复杂的地理偏好,这些地区被认为是它们的最早驯化地点(图 2-22)。来自撒哈拉沙漠以南非洲的家驴大多属于谱系 1,而谱系 2 在非洲东海岸及北海岸占主导地位。此外,从家驴这 2 个谱系的多样性衰减中推断出的迁徙路线表明,家驴这 2 个谱系在中国各地区的扩张趋势不同。总体来说,这些差异性可能表明了这 2 个谱系是在不同时间被驯化的,也可能是分别受到当地牧民对撒哈拉沙漠化的反应以及东北非洲古人类的社会扩张和贸易的影响。

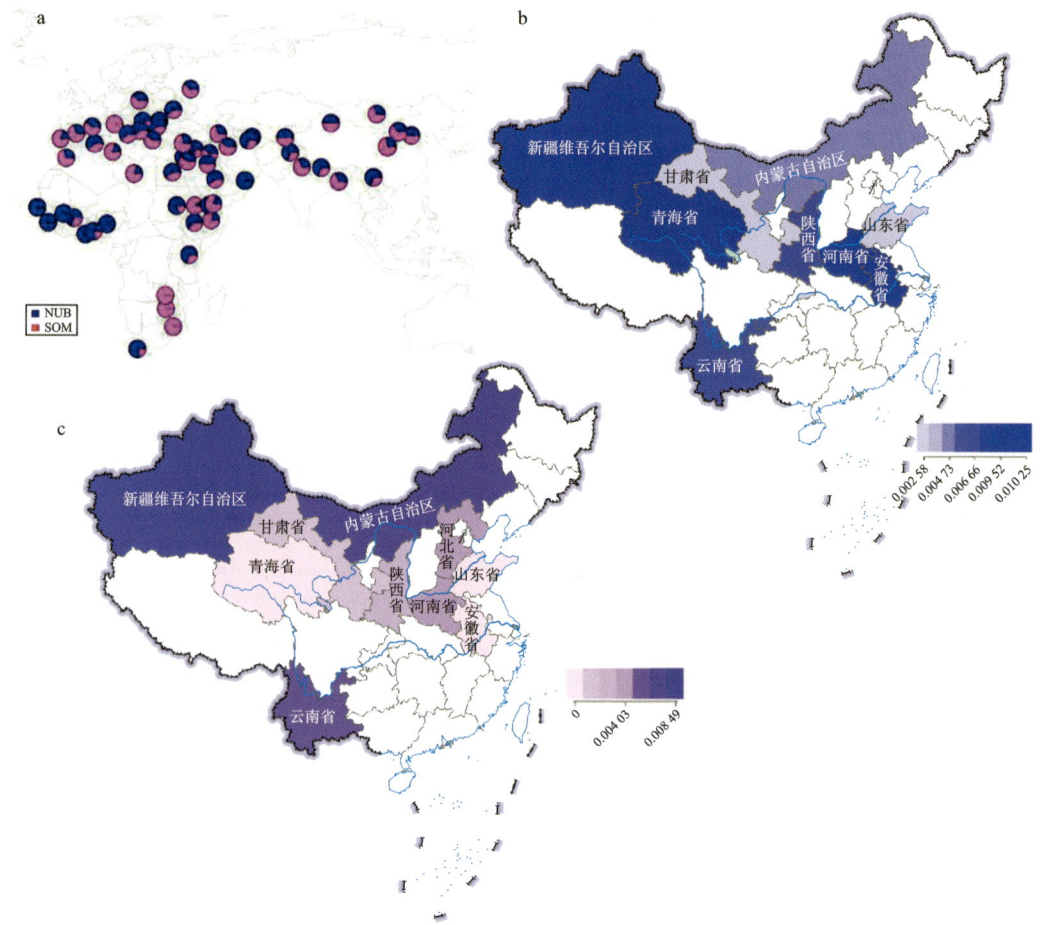

图 2-22　家驴的 2 个谱系在欧亚和非洲大陆的分布模式以及在中国的扩张趋势(Ma et al.,2020)
注:a. 家驴的 2 个谱系在世界范围内的分布情况。蓝色代表努比亚谱系(谱系 1),桃红色代表索马里谱系(谱系 2)。b. 谱系 1 在中国的多样性分布情况示意图。c. 谱系 2 在中国的多样性分布情况示意图。白色区域表示没有可用样本,由深至浅靛蓝色、深至浅桃红色表示多样性衰减。

2.3.2　中国家驴的起源、迁徙历史

2.3.2.1　两种起源假说

我国是养驴大国,已有 4000 多年的养驴历史。近年来,由于社会进步和交通运输业的快速发展,家驴在我国大部分地区的役用地位明显降低。长期以来关于我国家驴的祖先有 2 种

观点:一种认为来自亚洲野驴,另一种认为来自非洲野驴。

认为我国家驴来源于本土野驴(即亚洲野驴)的驯化主要基于以下几点理由(侯文通,2019;庞有志等,2021)。

(1)亚洲野驴在我国的分布范围广,历史悠久,我国家驴即使不是由亚洲野驴驯化而来,但与亚洲野驴的亲缘关系应该不远,而且我国家驴品种繁多、生产类型丰富,显然不能用起源于非洲野驴这单一说法来解释。

(2)在我国西北草原和青藏高原目前依然还生存着野驴,应将它们视为在我国出土的化石驴的遗族,中国现有驴种应是这些野驴在几千年前就地驯化而来的。

(3)亚洲野驴的驯化中心在现今阿富汗和伊朗,该地区与中国的新疆毗邻,另外亚洲野驴在中国青海、西藏和内蒙古大量分布,其皮毛颜色和其他外部特征与中国家驴十分相似。

另外一种观点认为我国家驴来自非洲野驴。据史料记载,大约4000a前,家驴经由西亚、中亚传入我国的新疆天山以南和甘肃等地。殷商至两汉时期,驴从西部少数民族地区和印度不断向中原内地传播。到东汉时期,家驴已成为普通百姓家的常见牲畜(庞有志等,2021)。

2.3.2.2 现代遗传学研究

近年来,来自分子生物学的证据证实中国家驴是由非洲野驴驯化而来,即支持我国家驴的非洲起源说,而亚洲野驴不是我国现代家驴的祖先(雷初朝等,2004;卢长吉等,2008;Guo et al.,2017;Han et al.,2017;Wang et al.,2021a;Wang et al.,2022b;Xia et al.,2023)。

截至目前,基于大量现代个体、地方种群开展的遗传学研究来揭示我国家驴的起源与演化。Lei 等(2007)对中国家驴线粒体 D-loop 区序列的研究表明,中国家驴起源于非洲野驴,亚洲野驴不是中国家驴的祖先。孙伟丽等(2007)对我国4个地方家驴品种(关中驴、新疆驴、德州驴、凉州驴)95个样品的 D-loop 区序列进行了分析,研究发现相对于蒙古野驴和西藏野驴,非洲野驴在系统发育树上与中国家驴的亲缘关系更为亲近。

另外,卢长吉等(2008)对我国13个家驴品种367条序列的线粒体 D-loop 区序列片段进行分析,共检测到96种单倍型、57个多态位点,其单倍型多样度为0.767~0.967,核苷酸多样度为0.014~0.032,表明我国家驴的遗传多态性丰富。结合3个努比亚野驴、3个索马里野驴和6个亚洲野驴的序列构建邻接法系统发育树,研究发现中国家驴与非洲野驴聚为一支,而并未与亚洲野驴聚在一起。该研究也证明我国家驴的母系起源为非洲野驴中的未知种群和努比亚野驴,亚洲野驴不是中国家驴的母系祖先。张云生等(2009)对我国5个家驴品种的线粒体 $Cyt\ b$ 基因进行分析表明,中国家驴与世界其他国家的家驴一样也含有非洲野驴的2个谱系,但这2个谱系对中国家驴的影响不同。

Zeng 等(2019)为了研究中国家驴不同品种的遗传多样性和系统发育关系,将25个带荧光标记的微卫星应用于我国12个家驴品种的504个个体,研究表明中国本土驴具有相对丰富的遗传多样性。需要指出的是,虽然发现了丰富的遗传变异,但中国不同家驴品种之间的遗传分化相对较低。此外,该研究所确定的不同驴品种之间的遗传关系与它们的地理分布和繁殖历史相对应。

Wang等(2020)重新组装了一头雄性德州驴染色体水平参考基因组,并分析了126头家驴和7头野驴的基因组。群体基因组学水平的分析也表明家驴在非洲被驯化,并最终显示出Y染色体变异水平的降低以及父系、母系演化历史的不一致性(图2-23)。

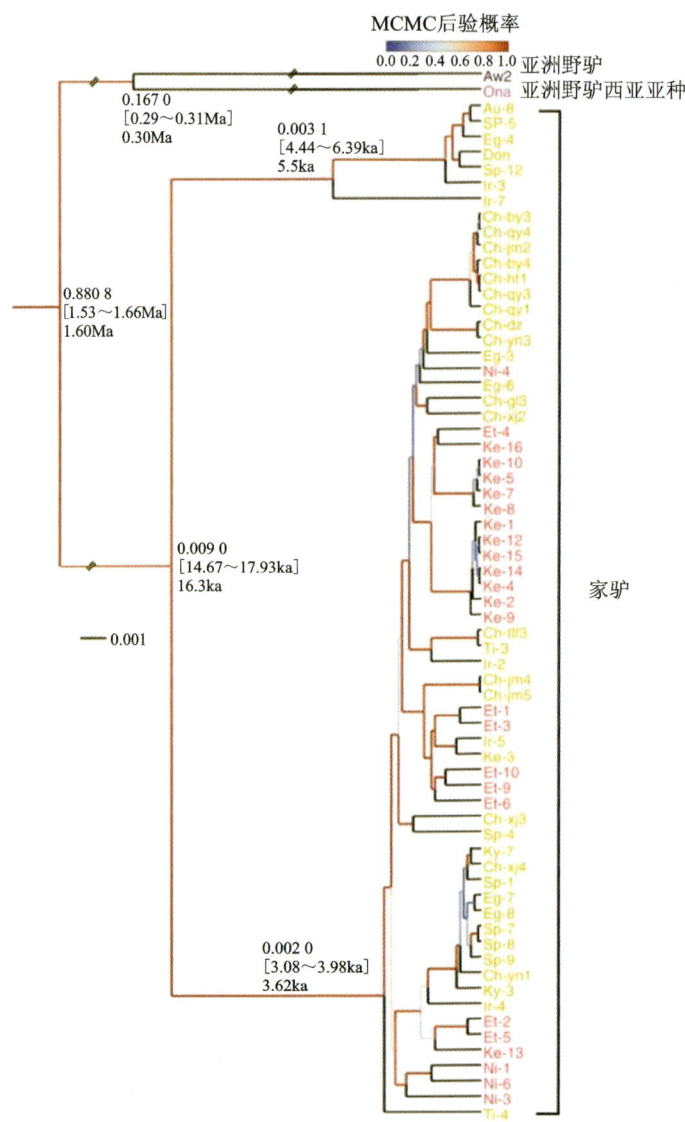

图2-23　基于野驴和家驴Y染色体单核苷酸多态性位点(SNP)构建的系统发育树(Wang et al.,2020)

注:ka为千年,Ma为百万年。后文同。

综上所述,根据考古遗址中驴遗骸材料和文献资料,考古学者对家驴做了大量的研究工作,对我国家驴的起源、迁徙引入历史已有一定程度的了解。从前述分子生物学数据分析结果来看,我国家驴有2个母系来源,均为已驯化非洲野驴的后裔。必须指出的是,依据现代家驴的DNA数据来推测我国家驴的演化历史,所得到的研究结果不足以清晰地反映年代久远时期的真实情况,对我国家驴演化的一些细节问题的认识还比较模糊。比如,家驴的2个遗传谱系传入我国的具体时间为何时？并经历了何种扩散路线？与陆上"古丝绸之路"的开辟是否存在一定的关联性？……这些问题都是值得进一步研究的课题。

2.3.2.3 中国家驴的古 DNA 研究

目前国内对于中国家驴的古 DNA 研究工作开展得还非常有限，公开报道的研究成果仅有 2 例，用以探讨我国家驴的驯化扩散历史。

Han 等（2014）对出土于我国陕西省和内蒙古自治区 4 个考古遗址、21 具疑似驴遗骸的线粒体 D-loop 区序列和 $Cyt\ b$ 基因片段进行扩增和测序，获得 17 个家驴样品的线粒体序列片段（图 2-25）。研究表明，距今 1200～550a 期间的中国古代家驴显示出较高的线粒体遗传多样性。构建的系统发育树表明中国家驴的母系来源很可能与非洲野驴有关。与世界其他地区的家驴一样，中国古代家驴也可分为 2 个明显的母系支系。构建的中介网络图与 Kimura 等（2011）的研究结论基本一致，即分为谱系 1、谱系 2 和索马里野驴 3 个支系（图 2-24）。此外，研究还发现总共 17 个中国古代家驴样本有 10 个落入谱系 1（即努比亚野驴血亲），7 个样本散落在谱系 2（未知来源血亲）。

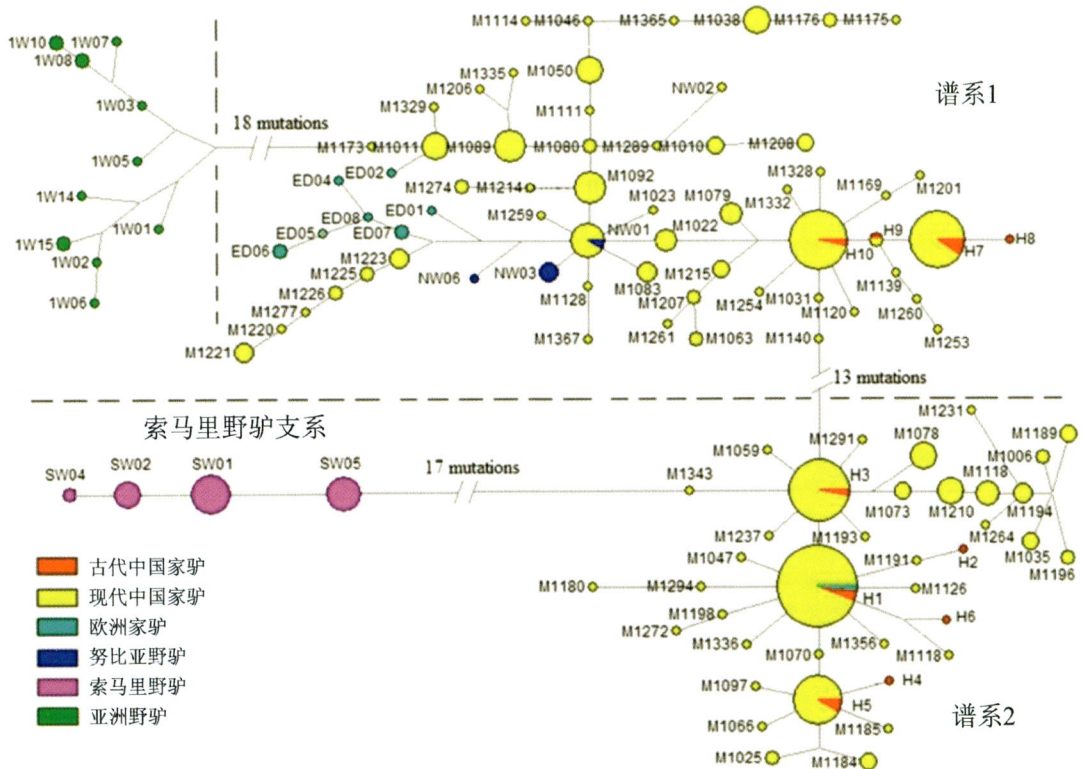

图 2-24　基于家驴和野驴 450 条线粒体 D-loop 区序列构建的中介网络图（Han et al.，2014）

Han 等（2014）首次公开报道的我国家驴的古 DNA 信息，对中国古代家驴线粒体 D-loop 区和 $Cyt\ b$ 基因的分析，为探索中国家驴的母系起源和驯化历史提供了重要的遗传学数据。值得注意的是，Han 等（2014）研究的样品年代集中于距今 1200～550a 之间，缺乏我国较早期驯化驴样品的遗传信息,对于家驴2个谱系何时传入我国、经历了何种传播路线等问题的认识还是模糊的。要解开这些疑问,人们还需要开展进一步的研究工作,特别是获取我国早期家驴样品的古基因组信息。

最近,笔者课题组对采自陕西省高陵区的2个马科样品(SG-1、SG-3)、甘肃省临夏盆地的1个样品(LXH1)开展研究。这些样品经初步形态学分析,均被鉴定为家驴,样品的测年工作在北京大学考古地质年代学实验室完成。另外,在德国哥本哈根大学古DNA实验室开展分子杂交捕获技术,获取到其完整线粒体基因组(Wang et al.,2021a)。样品的具体信息如表2-2所示。

表2-2 采自陕西及甘肃省3个古代家驴样品信息(Wang et al.,2021a)

样品编号	^{14}C测年(校正年代,cal. BP)	线粒体基因组		GenBank 收录号
		长度(bp)	测序深度(×)	
SG1	2349~2301	16 487	37.2	MZ823384
SG3	469~311	16 531	79.5	MZ823385
LXH1	2160~2004	16 541	36.8	MZ823386

首先从NCBI数据库中下载家驴、藏野驴、蒙古野驴、努比亚野驴、索马里野驴、欧洲野驴、奥氏马、斑马和家马等马科动物的线粒体基因组,运用CIPRES网站中MAFFT软件和BioEdit软件对这些马属动物的同源序列进行编辑与比对,以家马(GenBank 收录号:KT757763)作为外类群,笔者运用RAxML软件构建最大似然系统发育树,各主要分支的自展支持率均较高,说明了构树结果的可靠性。

Wang等(2021a)运用完整线粒体基因组构建的马属动物系统发育树清晰地反映出驴与所有non-caballine马成员亲缘关系较近。其中,家驴/非洲野驴分支分为3个谱系,索马里野驴谱系最先分化出来,另外2个家驴谱系包含现代/古代家驴样品、努比亚野驴样品,2个家驴谱系之间存在明显的遗传分化。综上,该研究得到的结果与前人关于家驴的遗传学分析得到的结论基本一致,显示家驴至少来源于2个独立驯化的母系,古代努比亚野驴样品分散在谱系1中,表明古代努比亚野驴应为谱系1中家驴的野生祖先。然而,索马里野驴与努比亚野驴、家驴的线粒体DNA相比均存在较大的差别。因此,古代索马里野驴可能不是谱系2的直接野生祖先,谱系2中家驴的野生祖先可能是另一个已经灭绝的、目前尚未被发现的野驴品种。同时,谱系1和谱系2与亚洲野驴的亲缘关系较远,说明中国家驴的母系来源很可能是非洲野驴而非亚洲野驴,与Ma等(2020)利用现代样品得出的研究结果类似。

另外,由图2-25可以看到,在家驴的两个谱系即谱系1和谱系2中,来自陕西高陵区的样品SG-1和SG-3与谱系1的家驴聚为一支,来自甘肃省临夏盆地的样品LXH1落在谱系2中。一般认为,家驴大约在4000a前通过中亚从非洲传播到中国西北部(谢成侠,1987;卢长吉等,2008)。在Wang等(2021a)的研究中,出土于陕西高陵区距今2349~2301a的家驴样品SG-1和出土于甘肃临夏盆地距今2160~2004a的家驴样品LXH1,年代相近但属于不同的家驴分支,表明现代家驴的2个母系谱系至少在汉初,即丝绸之路开通前后(大约公元前1

第 2 章 马科动物古基因组研究

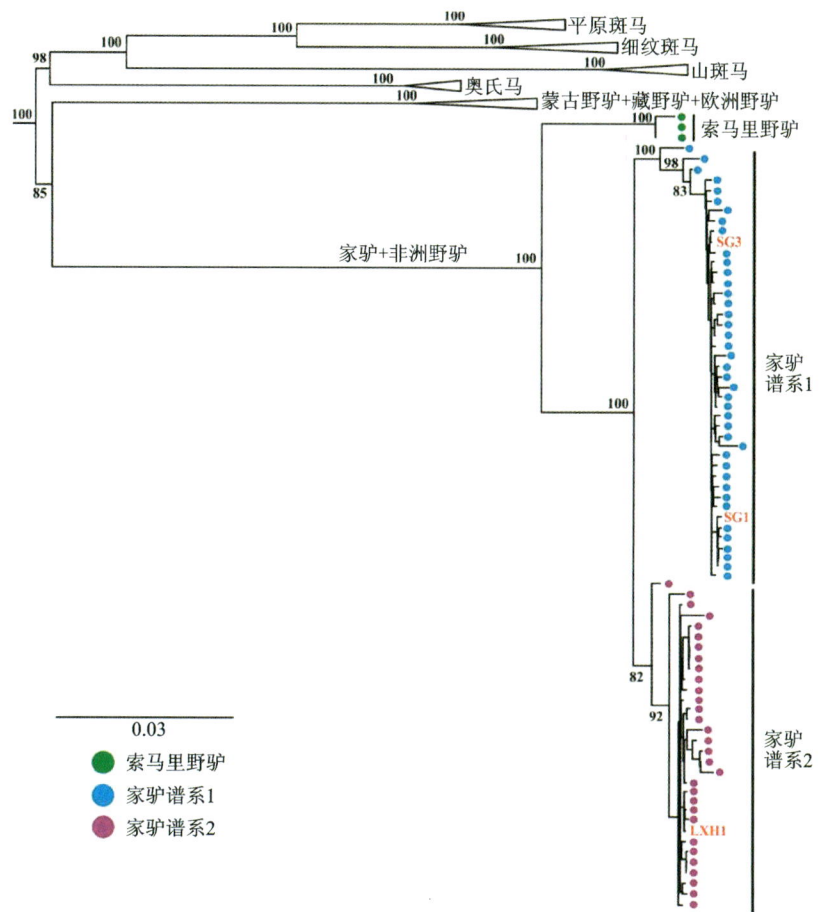

图 2-25 基于中国古代家驴完整线粒体基因组及 NCBI 数据库中马科同源序列构建的
最大似然法系统发育树(Wang et al.,2021a)

注:除家驴/非洲野驴以外的其他马属动物均用三角形代替,不同颜色的圆圈代表不同分支的驴样品。

世纪)就已经被引入中国。但令人遗憾的是,由于缺乏更早期的样品,该研究对这 2 个家驴母系谱系具体何时传入中国以及传播途径的认识较为有限,尚需要开展进一步的研究工作来解开这些疑惑。

2.3.2.4 家驴谱系的分歧时间

用 BEAST 软件构建带分子钟的系统发育树时,研究者通常以化石节点或者碱基突变的速率作为先验和校准,这样 BEAST 软件才能将遗传组成上的差异转换为时间间隔。Wang 等(2021a)以现存马属动物最近共同祖先(TMRCA)出现的时间为 4.5~4.0Ma(Orlando et al.,2013),以及样品的放射性碳年代或地层年龄的中位数作为校准点,利用 BEAST 软件中"GTR+G"碱基替代模型和松散分子钟模型对马属动物的线粒体 DNA 序列构建带有时间尺度的系统发育树(运用贝叶斯法)(图 2-26),与最大似然法构建的系统发育树(图 2-25)拓扑结构基本一致。

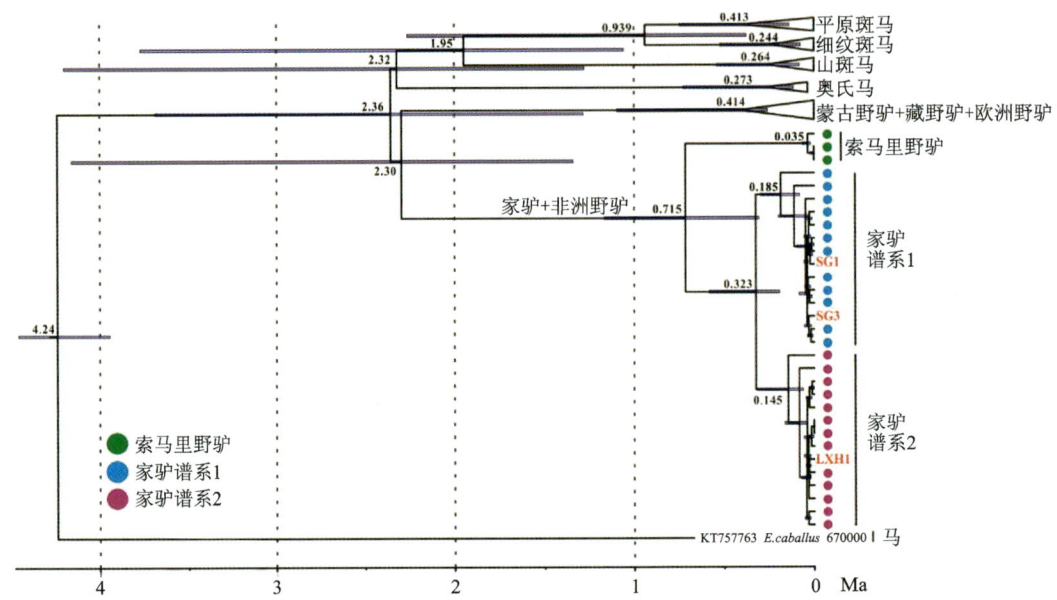

图 2-26 基于中国古代家驴完整线粒体基因组及 NCBI 数据库中马科同源序列
运用贝叶斯法构建的系统发育树(Wang et al.,2021a)

注:95%的置信区间在图中由节点处的蓝色横条代表,各分支上的数值代表该支系最近共同祖先的分歧时间。

由图 2-26 分析结果显示:索马里野驴和家驴之间的分化时间为 0.715Ma(95%置信区间:1.169~0.305Ma),2 个家驴母系(谱系 1 和谱系 2)的分化时间为 0.323Ma(95%置信区间:0.583~0.191Ma)。其中,谱系 1 和谱系 2 各自的最近共同祖先分别为 0.185Ma 和 0.145Ma。Beja-Pereira 等(2004)利用完整 $Cyt\ b$ 基因序列估算的这 2 个家驴谱系在 0.910~0.303Ma 产生分歧。Wang 等(2021a)推算得到这 2 个家驴谱系的分化时间为 0.323Ma,接近于 Beja-Pereira 等(2004)估算值的下限,产生这种差异可能有以下原因:

(1)使用的基因序列长度不同。Wang 等(2021a)使用的是接近完整的线粒体基因组,而 Beja-Pereira 等(2004)的数据集只包括线粒体 $Cyt\ b$ 序列片段。

(2)采用的校准方法不同。Beja-Pereira 等(2004)以马属动物最近共同祖先为 10~8Ma 作为校准节点(Xu et al.,1996),而 Wang 等(2021a)采用 root-tip dating 的校准方法,以所有现存马属动物最近共同祖先开始产生分歧的时间,即 4.5~4.0Ma(Orlando et al.,2013)和样品的放射性碳年代或地层年龄的中位数作为校准点。尽管 Wang 等(2021a)推算的分化时间更年轻,但与 Beja-Pereira 等(2004)的估算结果共同表明,这 2 个家驴谱系的分化时间远早于其已知的最早驯化时间。Wang 等(2021a)推算得到的家驴谱系 1 和谱系 2 各自的最近共同祖先时间(0.185Ma 和 0.145Ma)比 Kimura 等(2011)推算的分化时间要年轻得多。

值得指出的是,多项分子钟研究推算的家驴 2 个母系谱系分化时间远早于驴的驯化时间,暗示家驴的驯化起源至少经历了 2 次驯化事件,并有 2 个野生驴谱系被纳入驯养驴基因库。

2.3.2.5 家驴谱系种群动态变化

Wang 等(2021a)利用从 SG-1、SG-3 和 LXH1 古代家驴样品中所获得的线粒体基因组和 NCBI 数据库中同源序列,运用 BEAST 软件中"GTR+G"碱基替代模型进行 2 个家驴谱系种群数量动态变化的模拟,结果显示:各项分析的有效采样大小(Effective sample sizes,ESS)值均大于 200。笔者课题组通过重建贝叶斯天际线(Bayesian skyline plot,BSP),得到家驴谱系 1 和谱系 2 种群数量动态变化历史(图 2-27)。

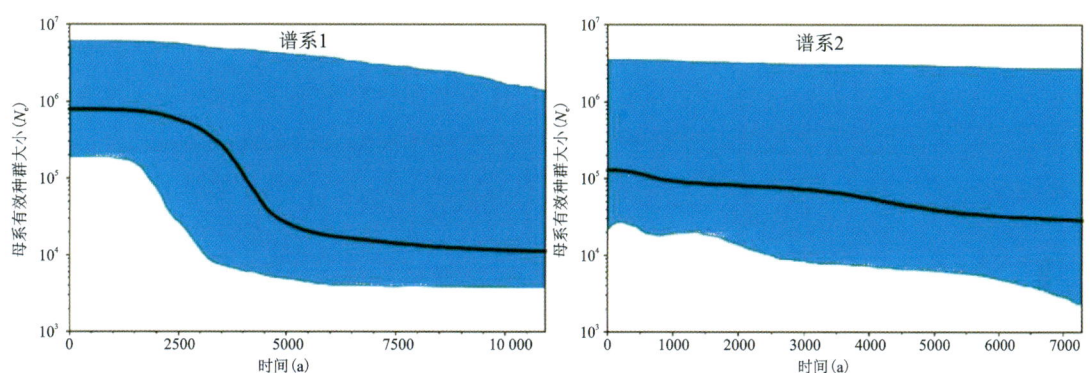

图 2-27 基于完整线粒体基因组重建家驴谱系 1 及谱系 2 的种群数量动态变化(Wang et al.,2021a)

注:图中曲线,黑色线表示中值,蓝色区域表示 95% 的置信区间。

从图 2-27 可以看到,家驴谱系 1 在距今 5000~2500a 之间出现了明显的种群扩张,之后一直保持相对稳定的种群规模。然而,与谱系 1 相比,谱系 2 自距今 7000a 以来保持相对稳定的种群规模,总体上呈现非常缓慢的增长趋势。

驯化事件的发生通常伴随着种群规模的扩大,家驴谱系 1 和谱系 2 种群规模的扩张也可能与其驯化相关。若努比亚野驴起源的家驴谱系(谱系 1)和未知起源的家驴谱系(谱系 2)同时被驯化,则它们应该具有相似的种群规模扩张历史。Ma 等(2020)以现代家驴线粒体基因组评估了这 2 个家驴谱系的种群动态变化历史,结果发现谱系 2 种群规模一直保持着相对稳定,而谱系 1 大约从距今 8000a 前开始经历了快速的种群规模扩张。本课题组的推算结果与 Ma 等(2020)的研究结果相似。目前的研究证实这 2 个家驴谱系存在不同的种群规模扩张历史,再次揭示家驴可能经历了至少 2 次独立的驯化事件。此外,Wang 等(2020)发现热带非洲驴和北非及欧亚驴的有效种群规模没有明显差异,提出这些驴样品可能来源于同一个共同祖先群体的驯化,但无法确定驴的驯化是发生在一个还是多个地点。

综上所述,由于缺乏考古资料和早期驯化驴的古 DNA 数据,迄今为止,学界对中国家驴的迁徙演化历史的认识还较为模糊。

第3章　犀科动物古基因组研究

迄今为止,所发现的最古老犀牛化石是出土于始新世早期(55～36Ma)地层中的材料。犀牛是陆生动物中最为强壮、非常繁盛且庞大的物种之一,化石材料极为丰富,在第三纪(古近纪+新近纪)时其足迹遍及全球各地(Kosintsev et al.,2019)。犀牛曾经非常具有多样化,在中新世(23～5Ma)时期拥有多达250种已命名的物种。除一些不明确的早期类型外,犀超科可归为4个科,即跑犀科(Hyracodontidae)、两栖犀科(Amynodontidae)、巨犀科(Paraceratheriidae)和犀科(Rhinocerotidae)。在地质时期,犀科(Rhinocerotidae)又分化出3个亚科,即对角犀亚科(Diceratheriinae)、无角亚科(Aceratheriinae)和真犀亚科(Rhinocerotinae)。

自中更新世以来犀科动物的谱系多样性消失极其严重。目前,普遍认为真犀亚科由板齿犀族(Elasmotheriini)和真犀族(Rhinocerotini)2个支系组成,且这2个支系早在36Ma便已经分道扬镳开始各自演化历程(Margaryan et al.,2020;Liu et al.,2021)。板齿犀(*Elasmotherium sibiricum*)可能是板齿犀族最晚灭绝成员,随着该物种在晚更新世中晚期的消亡,板齿犀族的所有成员就全部遗失在历史长河中(Kosintsev et al.,2019)。真犀族目前尚存有5个现生种,即生活在非洲的白犀牛(*Ceratotherium simum*)和黑犀牛(*Diceros bicornis*),以及栖息在亚洲的3种犀牛——苏门答腊犀(*Dicerorhinus sumatrensis*)、爪哇犀(*Rhinoceros sondaicus*)和大独角犀(*Rhinoceros unicornis*)。在真犀族已灭绝种类(图3-1)中,包括人们熟知的冰河时期明星物种披毛犀及大部分生境与披毛犀重叠的梅氏犀(*Stephanorhinus kirchbergensis*)(同号文等,2014;Lord et al.,2020;Liu et al.,2021)。

3.1　真犀族现生及典型灭绝种简介

3.1.1　白犀牛

白犀牛体表并非白色,而是呈蓝灰色或者棕灰色(图3-2)。白犀牛体重可达3t左右,体型仅次于现生的非洲象和亚洲象,是现存犀牛中个体最大的。白犀牛鼻上部有一大一小两角,一前一后排列。前角长而向后弯,一般长度在80～100cm之间,后角长度一般在50cm以下。白犀牛的上唇很宽,可以吃矮小的草本植物。

第 3 章 犀科动物古基因组研究

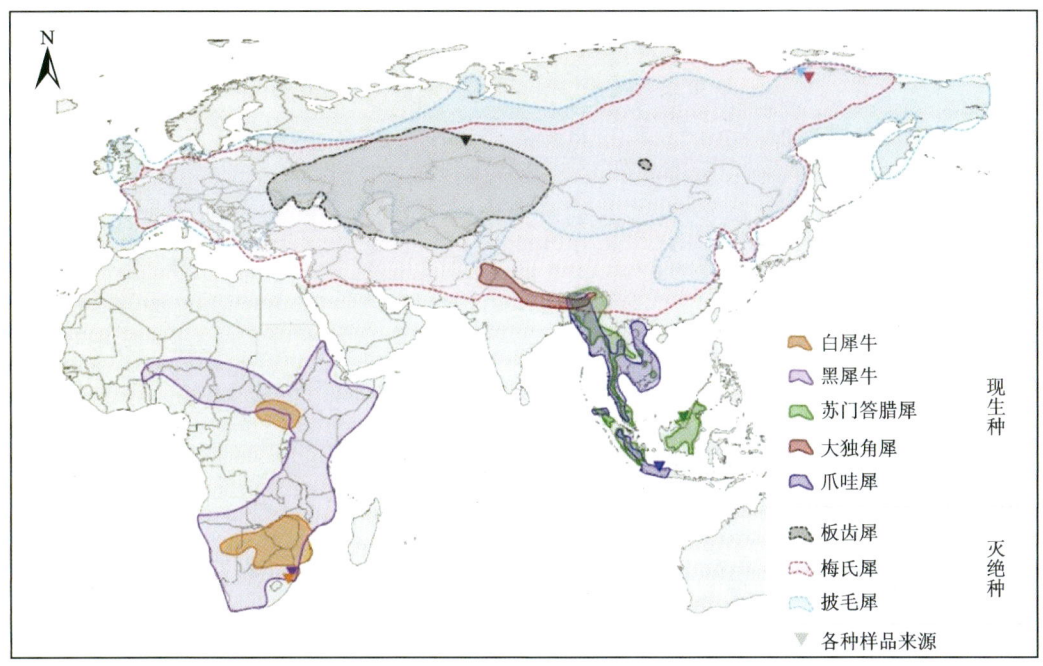

图 3-1 板齿犀族(板齿犀)和真犀族现生及部分已灭绝犀牛历史分布示意图(Liu et al.,2021)

图 3-2 白犀牛照片(孙丹辉,2017)

白犀牛可分为南方白犀牛(*Ceratotherium simum simum*)和北方白犀牛(*Ceratotherium simum cottoni*)2个亚种。基于完整线粒体基因组分析,这2个亚种在大约0.10Ma就已产生分化(Moodley et al.,2018)(图3-3)。北方白犀牛曾经主要分布在非洲中部,包括乌干达西北部、乍得南部、南苏丹西南部、中非共和国东部和刚果民主共和国东北部等地区;而南方白犀牛主要分布在非洲南部地区。白犀牛在20世纪因偷猎几乎面临灭绝,后因及时得到保护,种群数量有一定的恢复。尽管如此,野生北方白犀牛可能已经灭绝。在《世界自然保护联盟濒危物种红色名录》(以下简称《IUCN红色名录》)中,白犀牛属于近危物种。

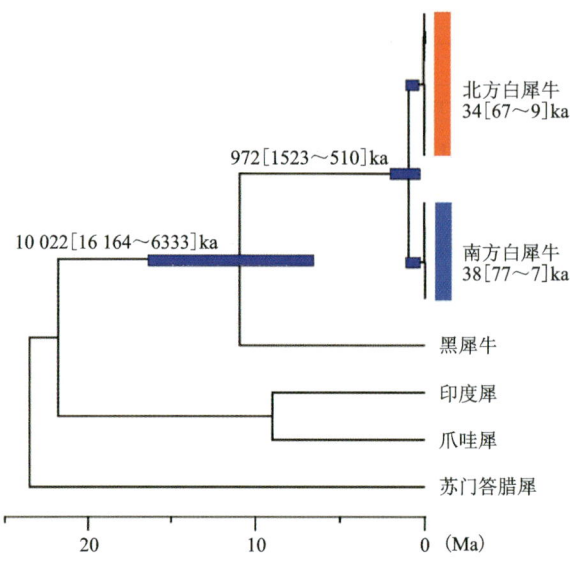

图 3-3 基于白犀牛 2 个亚种及其他现生犀牛完整线粒体基因组构建的带分子钟贝叶斯系统发育树
(Moodley et al.,2018)

3.1.2 黑犀牛

尽管名叫黑犀牛,其体表颜色实际上更接近于棕白色(图 3-4)。目前,黑犀牛有东方黑犀牛(*Diceros bicornis michaeli*)和南方黑犀牛(*Diceros bicornis ardenensis*)2 个亚种(Moodley et al.,2020)。黑犀牛与白犀牛一样,鼻上部有实心的前、后 2 只角。事实上,黑犀与白犀的区别不在于颜色,而主要在于体型,黑犀牛要比白犀牛小很多(孙丹辉,2017)。黑犀牛主要分布在非洲东部和中部、南部的小范围地区,北至苏丹东北部,西至尼日利亚东北部。黑犀牛以树枝和树叶为主要食物,其与白犀牛的饮食方法大不相同,所以尽管黑犀牛与白犀牛的栖息地有所重叠,两者能和谐共存。和白犀牛一样,黑犀牛同样因为偷猎和栖息地的减少而面临着灭绝的窘境,在《IUCN 红色名录》中,黑犀牛被列为极度濒危物种。

图 3-4 黑犀牛照片(https://www.britannica.com/animal/black-rhinoceros)

3.1.3 苏门答腊犀

苏门答腊犀是亚洲唯一的现生双角犀牛,也是现存犀牛中体型最小、最原始和唯一披有长毛的犀牛(图3-5)。苏门答腊犀拥有北方亚种(*Dicerorhinus sumatrensis lasiotis*)、苏门答腊亚种(*Dicerorhinus sumatrensis sumatrensis*)和婆罗洲亚种(*Dicerorhinus sumatrensis harrissoni*)3个亚种(Steiner et al.,2018)。北方亚种主要分布在我国华南部分地区、南亚次大陆部分地区以及东南亚中南半岛,现已灭绝;苏门答腊亚种主要分布在马来半岛和苏门答腊岛;婆罗洲亚种主要分布在婆罗洲岛。苏门答腊犀生活在雨林和沼泽中,以藤条、嫩枝和水果为食,属独居动物,仅在发情与抚养幼仔时相聚(孙丹辉,2017)。目前,苏门答腊犀种群规模极小,仅存200余头,濒临灭绝,在《IUCN红色名录》中被列为极度濒危物种。

图3-5 苏门答腊犀照片(https://www.ifaw.org/au/animals/sumatran-rhinos)

3.1.4 大独角犀

大独角犀鼻上只有1只角,主要分布在南亚次大陆恒河流域一带,又称印度犀。大独角犀最引人注目的是其如同盔甲一样的皮肤(图3-6)。过去,人们曾把大独角犀与爪哇犀认为是同一个物种。相对于爪哇犀而言,大独角犀的体型更大。大独角犀喜欢单独生活,多栖息在高草地、芦苇地和沼泽草原等地区,以草、芦苇、树叶、树枝、稻米等为食。目前,世界上仅存3000余头大独角犀,但仍是目前亚洲数量最多的犀牛。在《IUCN红色名录》中,大独角犀牛属于易危物种。

3.1.5 爪哇犀

爪哇犀又被称为小独角犀,外形(图3-7)和大独角犀很接近,但是体型比大独角犀小得多,仅雄性有角。爪哇犀曾经拥有3个亚种,包括2个已灭绝的越南亚种(*Rhinoceros sondaicus annamiticus*)、北部亚种(*Rhinoceros sondaicus inermis*),以及1个现存的印尼亚种(*Rhinoceros sondaicus sondaicus*)。爪哇犀属独居动物,喜欢生活在温暖、潮湿的栖息环境。该物种曾经广泛分布在中南半岛、马来半岛和爪哇岛。目前,仅剩不到100只的爪哇犀生活在爪哇岛马戎格库龙国家公园里。在《IUCN红色名录》中,爪哇犀属于极度濒危物种。

图 3-6　大独角犀照片（http://swww.britannica.com/animal/Javan-rhinoceros）

图 3-7　爪哇犀照片（https://animalcorner.org/animals/javan-rhinoceros）

3.1.6　梅氏犀

梅氏犀是一种已灭绝的犀牛，又称基什贝尔格犀。梅氏犀的牙齿尺寸具有较大范围的变异，是所有上新世至更新世犀牛中齿形最具特色的物种之一（Blllia，2007，2011）。一般认为梅氏犀是北方温带森林环境的代表物种，也曾被称作森林犀牛（陈少坤等，2012）。梅氏犀为杂食性动物，其饮食结构会根据所处栖息地的植被而发生变化，能广泛适应草原、苔原、森林或林地环境（Kirillova et al.，2017；Stefaniak et al.，2020）。根据牙齿磨损技术对梅氏犀牙齿的研究发现，梅氏犀以包括禾草、莎草及蒿属植物在内的草本植物为主要的食物来源，说明梅氏犀也会在草原中进食生活(Asperen et al.,2014)。而对从北亚的梅氏犀下颌骨分离出的孢子花粉进行分析(图3-8),显示其多以灌木树枝为食,这与北亚寒冷的气候有关(Kirillova et al.,2017)。

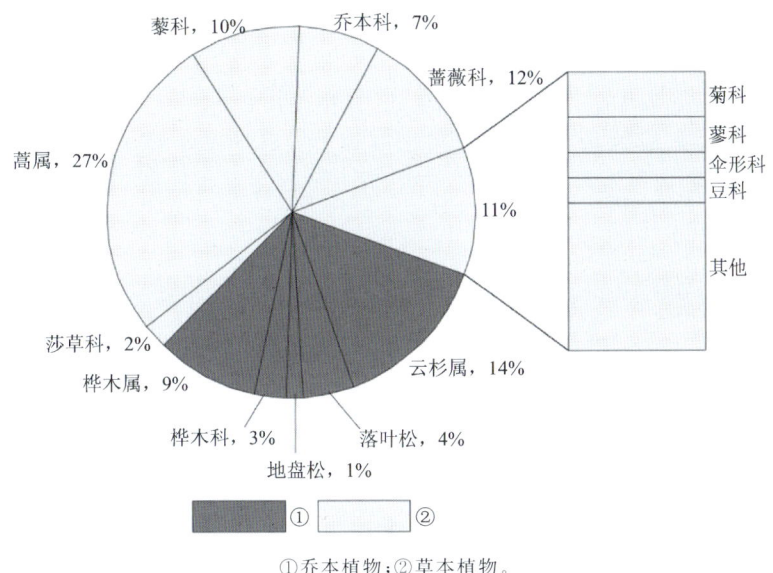

①乔本植物;②草本植物。
图 3-8 俄罗斯阿尔泰地区梅氏犀下颌骨腔内土壤的花粉谱(Kirillova et al.,2021)

梅氏犀主要分布于古北界,在欧洲、西伯利亚和我国北方较为常见(Liu et al.,2021)。根据已发现的化石材料,梅氏犀最南到达了中国重庆市迷宫洞(陈少坤等,2012),最北到达了北极圈内的库顿河谷(Kirillova et al.,2017)。尽管这个物种在欧亚大陆拥有极其广阔的分布范围,相较于披毛犀而言,已发现的梅氏犀遗存材料却相对较少(Billia and Shpanskij,2005)。图3-9为梅氏犀复原图。

梅氏犀是第四纪一种典型的犀牛种群,至少存活至晚更新世末期(Kirillova et al.,2017)。有研究发现,梅氏犀的种群数量在中晚更新世时期有所波动,于晚更新世时期逐渐减少,直至其最终灭绝(Kirillova et al.,2020)。

图 3-9 梅氏犀复原图(Billia,2008)

3.1.7 披毛犀

披毛犀是晚更新世"猛犸象-披毛犀动物群"的标志性成员之一(Orlovaa et al.,2008;Kuzmin,2010)。1799 年,德国博物学家 Johann Friedrich Blummenbach 首次对披毛犀骨骼化石进行系统描述并加以命名(*Coelodonta antiquitatis*,Blummenbach,1799)。事实上,人类与该物种第一次接触可追溯至晚更新世时期,在欧亚大陆一些洞穴中发现了很多旧石器时代披毛犀图像(图 3-10)。也就是说,从史前时期起披毛犀就引起了人们极大的兴趣,并可能曾被作为狩猎对象(姜鹏,1982;Roca,2020)。然而,人类真正系统地认识这个物种则是在 20 世纪 30 年代以后。

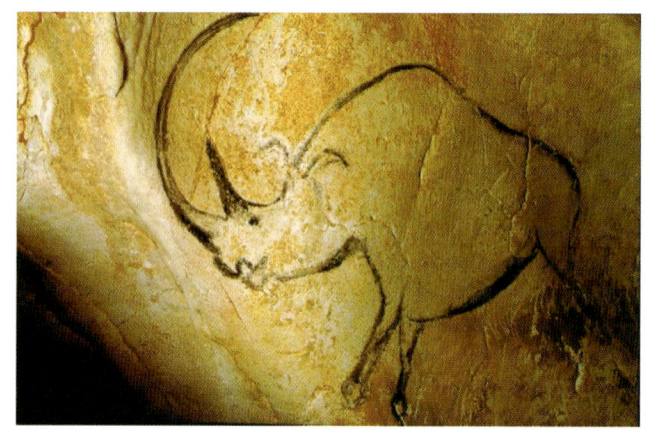

图 3-10　法国南部肖维岩洞(Chauvet cave)距今约 3 万 a 前披毛犀壁画(Roca,2020)

根据化石记录,晚更新世时期是披毛犀种群最为繁盛的阶段,此时该物种广泛分布在欧亚大陆 33°N 至 75°N 的广袤区域,西起西班牙西部和英国南部、东至西伯利亚东北部(图 3-11),于晚更新世末期至全新世之初在全球范围内灭绝(周本雄,1978;Stuart and Lister,2012;Ma et al.,2021;Puzachenko et al.,2021)。在中国,披毛犀主要分布在华北和东北一带,华东地区也有少量分布(周本雄,1978;姜鹏,1982)。与真猛犸象不同的是,披毛犀未能穿过白令陆桥(今白令海峡)到达北美大陆(Stuart and Lister,2012)。目前,尚不清楚该物种未能穿过白令海峡的原因,据推测四肢相对短小粗壮而无法穿越深雪地或许是其中一个重要因素(Boeskorov et al.,2011;Stuart and Lister,2012)。

披毛犀主要生活在欧亚大陆北部开阔的寒冷草原、冰缘苔原及冻土苔原环境中,是典型的冰缘物种(周本雄,1978;Kahlke and Lacombat,2008;Boeskorov et al.,2011;Stuart and Lister,2012;姜海涛等,2019)。披毛犀成年个体体长可达 3.6m,体高可达 1.6m,体重在 2~3t 之间,是名副其实的史前巨兽(Boeskorov et al.,2011)。该物种拥有 2 只鼻角、粗壮且短小的四肢、厚重的皮下脂肪、充满褶皱且覆盖着厚实毛发的皮肤,较为适合在寒冷干燥环境中生存(Boeskorov et al.,2011;Boeskorov,2012)。图 3-12 为披毛犀复原图。

披毛犀拥有较为灵活的食性。俄罗斯西伯利亚科里马(Kolyma)披毛犀干尸(图 3-13)胃内容物孢粉研究显示,含硅质较高的草和莎草等草本科植物是该物种主要食物来源

图 3-11 披毛犀的起源、演化及晚更新世末次冰盛期最大分布范围(Deng et al.,2011)

图 3-12 披毛犀复原图(邓涛,2016)

(Boeskorov et al.,2011)。披毛犀骨胶原蛋白中相对较高的 $\delta^{15}N$ 值与其主要以草本科植物为饮食基础的研究结果保持一致(Rey-Iglesia et al.,2021;Drucker,2022)。事实上,披毛犀并不是严格的食草动物,其饮食结构会随着季节变化而改变(Tiunov and Kirillova,2010;Stefaniak et al.,2021)。在食物匮乏的季节,披毛犀可能适当地进食蕨类植物、灌木和树叶(Stefaniak et al.,2021)。细长且低矮的头部、门齿和犬齿缺失、充满牙釉质和牙骨质的高冠颊齿等形态特征则是披毛犀适应进食条件的直观体现(Boeskorov et al.,2011;Stuart and Lister,2012)。有研究显示,披毛犀骨胶原蛋白中 $\delta^{13}C$ 和 $\delta^{15}N$ 拥有较宽的浮动范围,意味着其食性较为广泛。灵活的食性提高了披毛犀的生态耐受力,有利于其在极端环境中生存(Ma et al.,2021;Rey-Iglesia et al.,2021;Drucker,2022)。

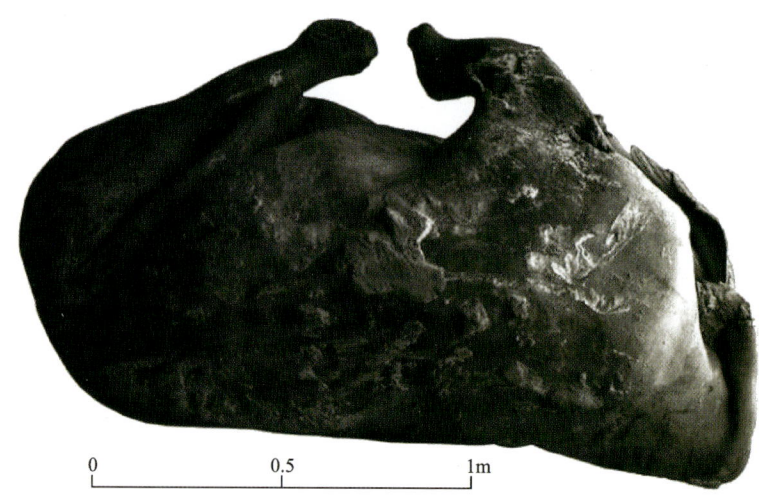

图 3-13 俄罗斯西伯利亚科里马(Kolyma)披毛犀干尸(Boeskorov et al., 2011)

3.2 腔齿犀属谱系演化

披毛犀是腔齿犀属(*Coelodonta*)的一个进步种。目前,这个属的最早代表是发现于西藏西南部扎达盆地约 3.7Ma 的西藏披毛犀(*Coelodonta thibetana*)化石材料(Deng et al., 2011)。西藏披毛犀拥有修长的头型、骨化程度较弱的鼻中隔、宽阔而侧扁的鼻角角座、下倾的鼻骨、高大的冠齿、发达的齿窝等一系列形态特征(Deng et al., 2011;邓涛等,2012)。西藏披毛犀头骨形态和晚更新世披毛犀有相似之处,但一些性状更为原始。例如,晚更新世披毛犀的鼻中隔几乎完全骨化,而西藏披毛犀头骨化石的鼻中隔骨化程度较弱(邓涛等,2012)。图 3-14 为西藏披毛犀复原图。

图 3-14 西藏披毛犀复原图(孙丹辉,2017)

随着青藏高原的不断隆升和第四纪冰期气候的到来,西藏披毛犀逐渐走出青藏高原,并于上新世到达我国华北地区,这一时期的代表物种被称为泥河湾披毛犀(*Coelodonta nihowanensis*)(邓涛,2002;邓涛等,2012)。泥河湾披毛犀是腔齿犀属另一个早期代表种,时代为 2.5~1.0Ma。在早更新世时期,泥河湾披毛犀分布较为广泛,在我国的青海共和、甘肃临夏、山西临猗、河北泥河湾盆地等地均有化石记录(邓涛,2002)。与晚更新世披毛犀相比,泥河湾披毛犀形态较为原始,如头骨形状较小、牙齿牙釉质层较薄等。泥河湾披毛犀枕骨姿态更接近西藏披毛犀,但前者鼻骨较短、枕面的倾斜程度较低。因此,泥河湾披毛犀可能是由西藏披毛犀演化而来的一个进步种(Deng et al.,2011;邓涛等,2012)。

相比之下,真披毛犀(本书简写为披毛犀)祖先出现在欧亚大陆其他地区的时间则稍晚一些(Kahlke and Lacombat,2008)。例如,中更新世早期(0.75Ma)分布在俄罗斯境内和蒙古国境内的托洛戈依披毛犀(*Coelodonta tologoijensis*),在更新世冰期气候影响下最终演变成为晚更新世形态的披毛犀(*Coelodonta antiquitatis* Blummenbach,1799)。披毛犀首次出现在欧洲的时间是 0.46~0.40Ma(Kahlke and Lacombat,2008)。

Deng 等(2011)根据头骨形态特征,对西藏披毛犀、泥河湾披毛犀、托洛戈依披毛犀和晚更新世披毛犀进行了系统分析,分析结果表明西藏披毛犀位于整个披毛犀家族的基部位置,进一步印证了披毛犀起源于青藏高原(图 3-15)。披毛犀并非唯一起源于青藏高原的冰缘动物。在西藏札达盆地,还发现了欧洲和北美野牛(*Bison bison*)、雪豹(*Panthera uncia*)、藏羚羊(*Pantholops hodgsonii*)等其他冰缘动物的化石材料。Deng 等(2011)认为冬季寒冷的高原气候条件为冰缘动物适应冰期的到来提供了训练场所,当第四纪冰川气候在北半球盛行时,部分物种迁出了青藏高原,而另一部分则留在了当地。因此,目前来看青藏高原是部分冰缘动物的起源地。

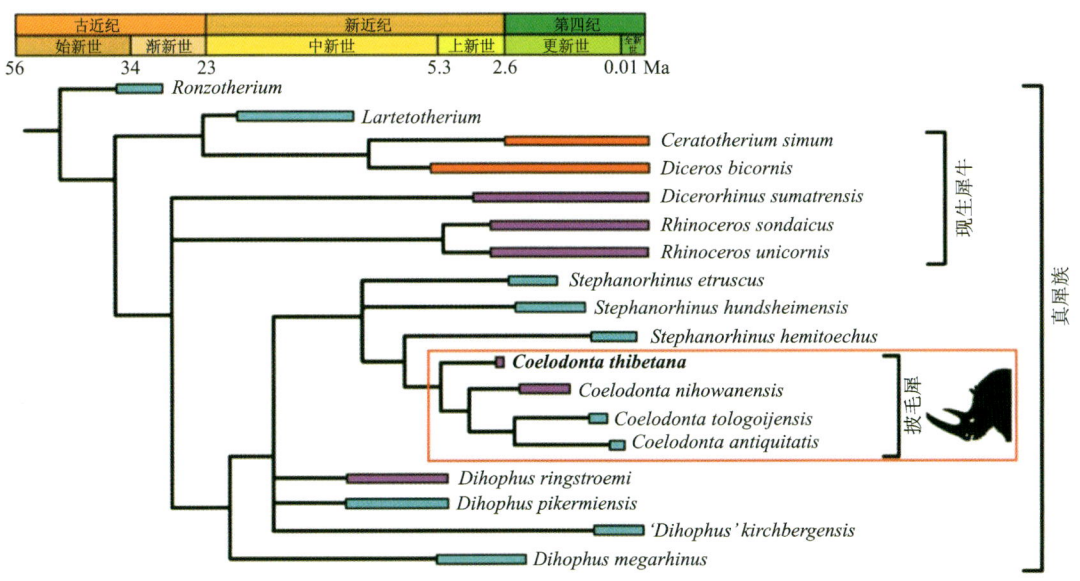

图 3-15　基于形态学数据构建真犀族系统发育树(Deng et al.,2011)

此外,根据形态学分析,在深海氧同位素 3 阶段(Marine isotope stages 3,MIS3)和 MIS2 期间,俄罗斯雅库特地区披毛犀颅骨尺寸有减小的趋势(Puzachenko et al.,2021)。古生物学者一般认为晚更新世时期欧亚大陆披毛犀的形态计量参数均落在种内变异的范围内(周本雄,1978;Tong and Moigne,2000;Álvarez-Lao et al.,2011)。需要指出的是,到目前为止,对披毛犀开展的研究工作相对不足,学界对披毛犀在第四纪气候环境变化和人类活动影响下的遗传分化、迁徙扩散、灭绝过程等问题的认识仍较为模糊,亟须对这一冰河时期明星物种开展深入研究。

3.3 演化关系假说

前述 7 个真犀族成员(黑犀牛、白犀牛、苏门答腊犀、爪哇犀、大独角犀、梅氏犀和披毛犀)之间具有复杂的谱系演化关系,特别是爪哇犀和大独角犀的系统发育地位长期存在争议。

目前,关于真犀族 2 个灭绝种披毛犀、梅氏犀与 5 种现生犀牛之间的演化关系主要有以下 4 种假说:角假说(Horn hypothesis)、地理假说(Geographical hypothesis)、线粒体假说(Mitochondrial hypothesis)及全基因组假说(Whole genome hypothesis)(图 3-16)(Dalton and Prost,2021)。

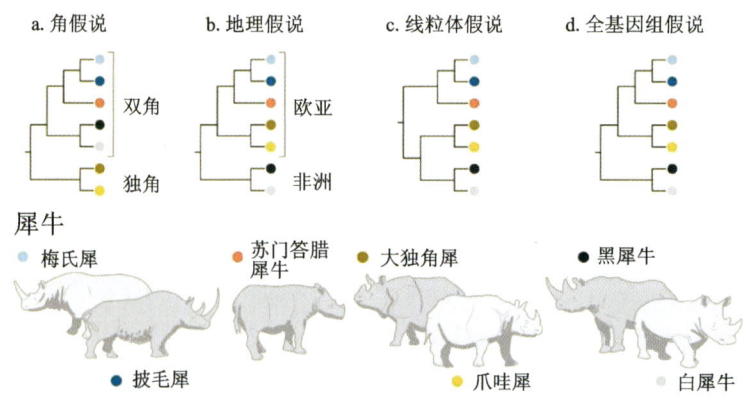

图 3-16 犀牛亚科 7 种犀牛系统演化的 4 种假说(Dalton and Prost,2021)

(1)角假说(Horn hypothesis)。根据犀牛角的数量将上述 7 种犀牛分为双角犀(包括白犀牛、黑犀牛、苏门答腊犀牛、披毛犀、梅氏犀)和独角犀(包括爪哇犀、大独角犀),并将爪哇犀和大独角犀置于犀牛亚科支系基部位置(图 3-16a)。

(2)地理假说(Geographical hypothesis)。根据犀牛的历史地理分布将 7 种犀牛分为非洲犀牛(包括白犀牛、黑犀牛)和欧亚犀牛(包括苏门答腊犀牛、爪哇犀、大独角犀、披毛犀、梅氏犀),并将黑犀牛和白犀牛两种非洲犀牛置于犀牛亚科支系基部位置,而大独角犀和爪哇犀与其他欧亚犀牛的亲缘关系更近(图 3-16b)。

(3)线粒体假说(Mitochondrial hypothesis)。认为现生苏门答腊犀牛与已灭绝披毛犀、梅氏犀亲缘关系更为密切,而与来自亚洲的爪哇犀、大独角犀及 2 种非洲犀牛(牛黑犀牛和白犀牛)遗传距离更远(图 3-16c)。

(4)全基因组假说(Whole genome hypothesis)。中国农业大学刘山林课题组(Liu et al.,2021)基于全基因组数据构建的系统发育树研究表明:2 种非洲犀牛黑犀牛和白犀牛首先从犀牛亚科中分化出来,其次是爪哇犀和大独角犀形成的分支与苏门答腊犀牛/梅氏犀/披毛犀支系互为姊妹群(图 3-16d 和图 3-17)。这一结论也支持地理假说(Geographical hypothesis)。

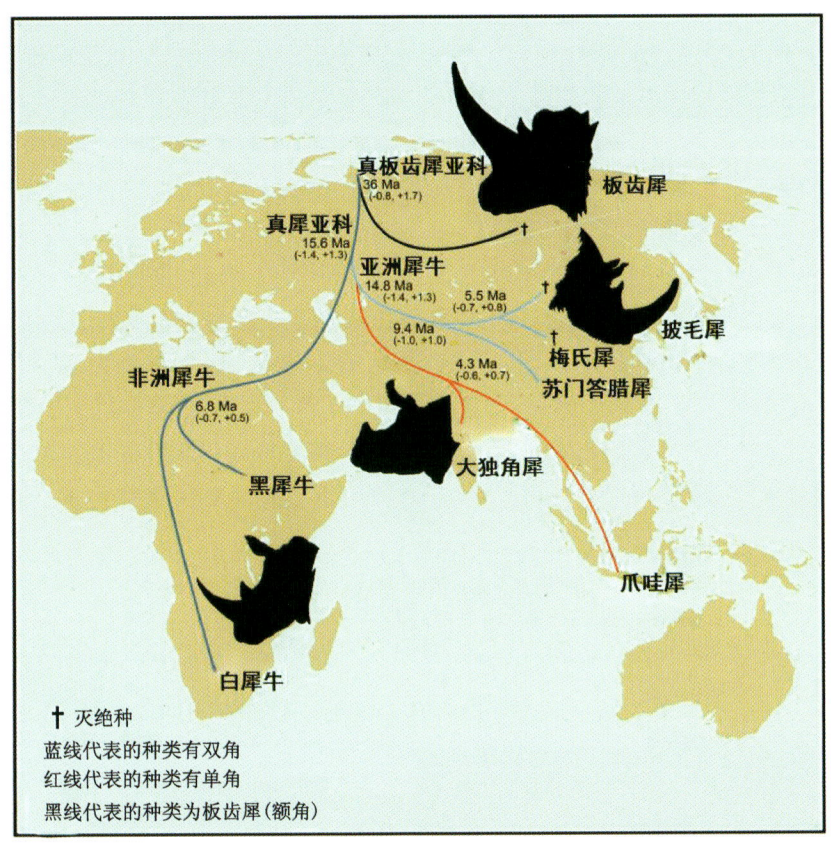

图 3-17　基于几种已灭绝及现生犀牛全基因组数据构建的谱系演化关系树(Liu et al.,2021)

3.4　披毛犀古基因组研究

近年来,快速发展的古 DNA 技术在揭示灭绝种群的演化历史研究中发挥了越来越重要的作用,为阐明历史时期不同地区已灭绝披毛犀的遗传分化、系统演化关系、迁徙扩散、种群历史动态及谱系间基因流动等提供了大量实时分子数据。

3.4.1　国外披毛犀古 DNA 研究

早期的披毛犀古 DNA 研究获取了欧洲和西伯利亚地区化石样品的部分线粒体片段。披毛犀首列线粒体短序列片段是由 Orlando 等(2003)从比利时 Scladina 洞穴披毛犀残骸(0.13～0.04Ma)中提取出来的,序列长度仅为 1663bp,包括 975bp 的 12S rRNA 基因和 688bp 的 *Cyt* b 片段。该研究通过系统发育分析发现披毛犀与现存的苏门答腊犀亲缘关系最密切,这一研究结果也与形态学分析结论保持一致。同时,利用分子钟推算披毛犀与苏门答腊犀牛在 26～21Ma 产生分歧。

披毛犀首例完整 $Cyt\ b$ 基因序列及部分核 DNA 公开发表于 2006 年,是由 Binladen 等 (2006)从西伯利亚地区披毛犀残骸中提取出来的。

Lorenzen 等(2011)利用 55 条披毛犀线粒体 D-loop 区序列片段,并结合大量化石材料的放射性碳同位素测年数据,首次对披毛犀种群历史展开研究(图 3-18)。分析结果表明,剧烈气候变化是推动晚更新世披毛犀种群规模发生变化并导致该物种最终灭绝的主要原因。

图 3-18　猛犸象-披毛犀动物群一些典型物种 50ka BP 以来分布范围变化情况(Lorenzen et al.,2011)

注:……ka BP 为距今……千年。

披毛犀首例完整线粒体基因组是由 Willerslev 等(2009)从俄罗斯雅库特地区 Olenyok 河流域永久冻土披毛犀毛发样品中提取出来的。该研究评估了不同基因片段对系统发育树拓扑结构产生的影响,研究发现选取不同单一基因片段(如 12S rRNA 和 $Cyt\ b$ 基因等)用于披毛犀与现生犀牛演化关系分析时,3 种拓扑结构的支持频率存在一定的变化(图 3-19)。

Lord 等(2020)从西伯利亚东北部地区 14 个晚更新世披毛犀化石样品中提取到完整线粒体基因组,对更新世披毛犀种内分化进行了分析(图 3-20)。基于完整线粒体基因组构建的分子系统发育树揭示这 14 个东北亚披毛犀样本聚为 3 个分支(谱系 1、谱系 2 及谱系 3)。根据分子钟推算,这 14 个披毛犀个体的最近共同祖先出现在 205ka。令人意外的是,采自弗兰格尔岛 1 个约 40ka BP 披毛犀个体(ND030)形成一个独立支系(谱系 3),落在该岛屿及相邻大陆其他披毛犀个体的线粒体变化范围之外。从地理位置来看,弗兰格尔岛 ND030 个体拥有相对独立的栖息环境,但由于受研究样品的限制,Lord 等(2020)并未对谱系 3 进行过多讨论,只是简单地认为这个披毛犀相对孤立的遗传谱系源于其封闭的生存环境。

第 3 章 犀科动物古基因组研究

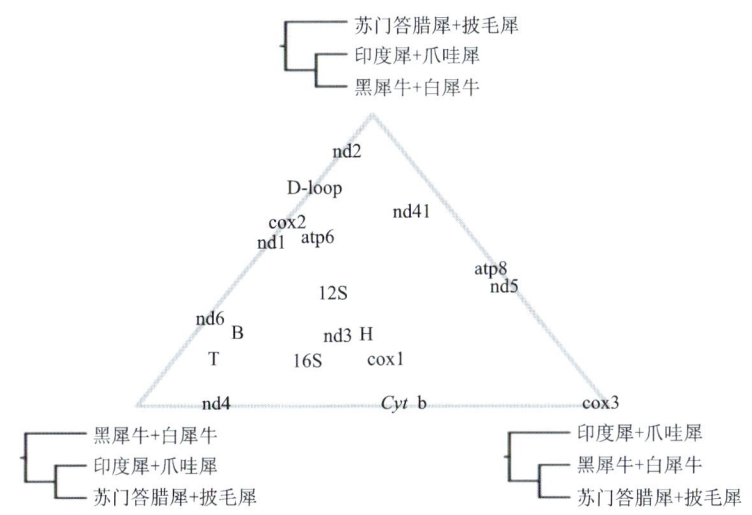

图 3-19 三元图揭示基于披毛犀和现生犀牛不同线粒体序列 3 种拓扑结构的支持频率（Willerslev et al.，2009）

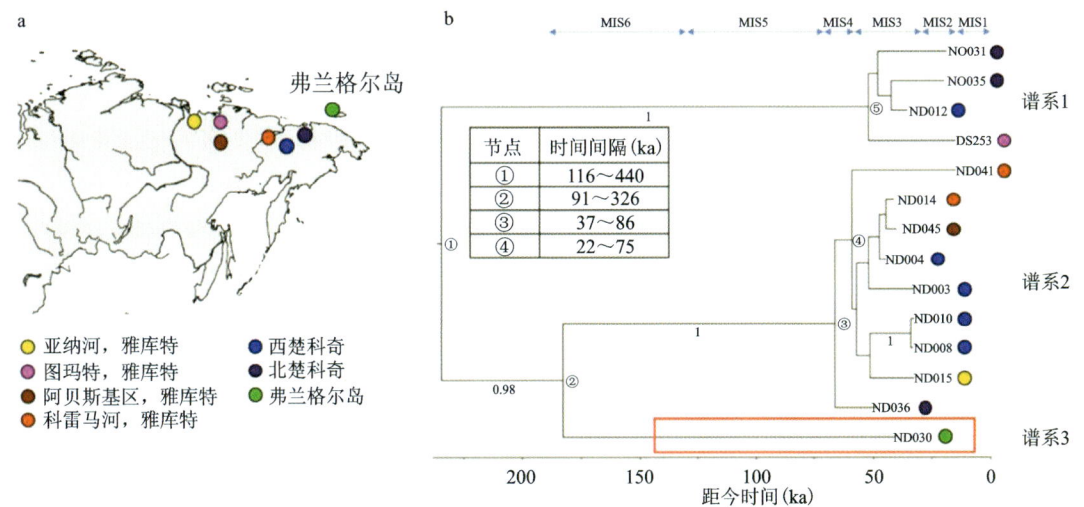

图 3-20 利用西伯利亚东北部地区 14 个披毛犀样品完整线粒体基因组构建的贝叶斯系统发育树（Lord et al.，2020）

注：ka 为千年；MIS 为深海氧同位素阶段（Marine isotope stage）。

此外，Lord 等（2020）采用成对序列马可夫共祖先分析（PSMC）估算了披毛犀历史有效种群规模变化情况（图 3-21）。观察到披毛犀在 MIS6 阶段有效种群数量呈现增加的趋势，可能意味着在此阶段披毛犀种群规模的扩张，但也可能是由于线粒体基因组分析中 2 个遗传谱系（谱系 1 和谱系 2）分化的结果。Lord 等（2020）观察到的这些披毛犀遗传谱系可能是在间冰期形成的，随后在 MIS6 阶段或之后扩展和合并，导致线粒体数据分析中谱系 1 和谱系 2 缺乏系统地理学结构。在 MIS6 阶段之后，披毛犀有效种群规模在艾木间冰期（Emian interglacial stage，130～115ka BP）和末次冰期开始时减小，并在 33ka BP 时达到最小值。

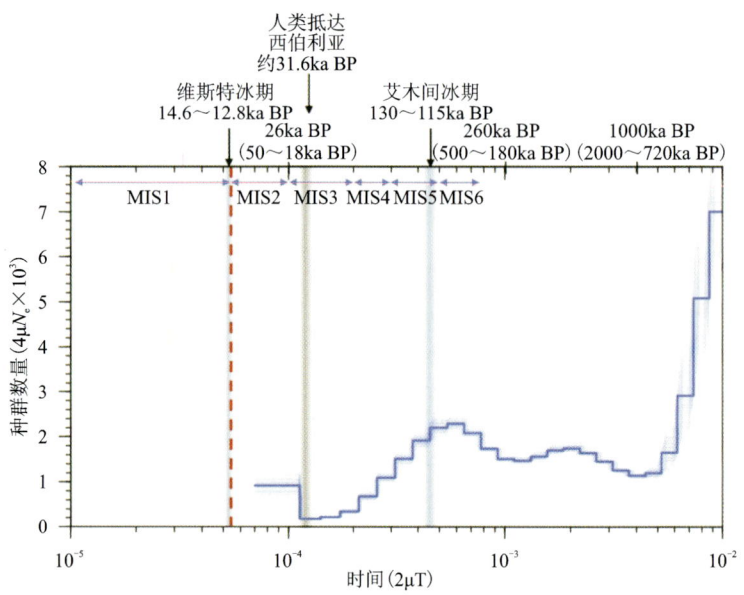

图 3-21 基于 PSMC 分析推算披毛犀有效种群规模变化情况(Lord et al.,2020)

Lord 等(2020)观察到在约 30ka BP 时披毛犀种群规模有所增加。虽然这一研究结果与以前利用披毛犀线粒体 D-loop 序列片段分析相一致(Lorenzen et al.,2011),但与真猛犸象的研究结论形成了鲜明对比,后者在此阶段没有表现出明显的种群扩张模式(Palkopoulou et al.,2015)。MIS2 阶段更稳定的寒冷期可能为披毛犀提供了一个特别合适的栖息地,苔原、草原条件普遍存在,自然环境条件允许其种群扩张(Kahlke and Lacombat,2008)。

另外,Lord 等(2020)的研究进一步支持了披毛犀在 30~18ka BP 期间的有效种群规模较为稳定,并保持至临近该物种走向灭绝之时。根据化石记录,尽管从 35ka BP 起披毛犀在西伯利亚东北部的分布范围逐渐缩小,但在 18.5ka BP 该物种地理分布仍较为广泛(Stuart and Lister,2012),这可能是在 30~18ka BP 间披毛犀种群规模保持相对稳定的原因。

Lord 等(2020)分析披毛犀基因组的平均杂合度水平约为每 1000 bp 出现 1.7 个杂合位点(95% 置信区间:1.66~1.74 个)。这一数值高于之前发表的多种动物的同类结果,例如,真猛犸象基因组中观察到的每 1000 bp 中 1.25 个杂合位点(Palkopoulou et al.,2015),现存的苏门答腊犀牛每 1000 bp 中 1.3 个杂合位点(Mays et al.,2018),以及北方和南方白犀牛(分别为每 1000 bp 1.1 个和 0.9 个杂合位点)(Tunstall et al.,2018)。当考虑纯合子(Runs of homozygosity,ROH)区域>0.5Mb 时(图 3-22),Lord 等(2020)估计披毛犀近亲繁殖系数(F_{ROH})为 5.9%。这一数值高于晚更新世欧亚大陆真猛犸象的近亲繁殖水平($F_{ROH}=0.83\%$),但远低于弗兰格尔岛 4.3ka BP 的猛犸象($F_{ROH}=23.3\%$)(Rogers and Slatkin,2017;Palkopoulou et al.,2015)。总体来讲,Lord 等(2020)通过对披毛犀线粒体和核基因组进行多样性分析,认为没有证据表明披毛犀在最后阶段种群规模有所下降,也没有发现披毛犀存在小种群近亲繁殖率升高的迹象,披毛犀的灭绝可能是一个较为迅速的过程。

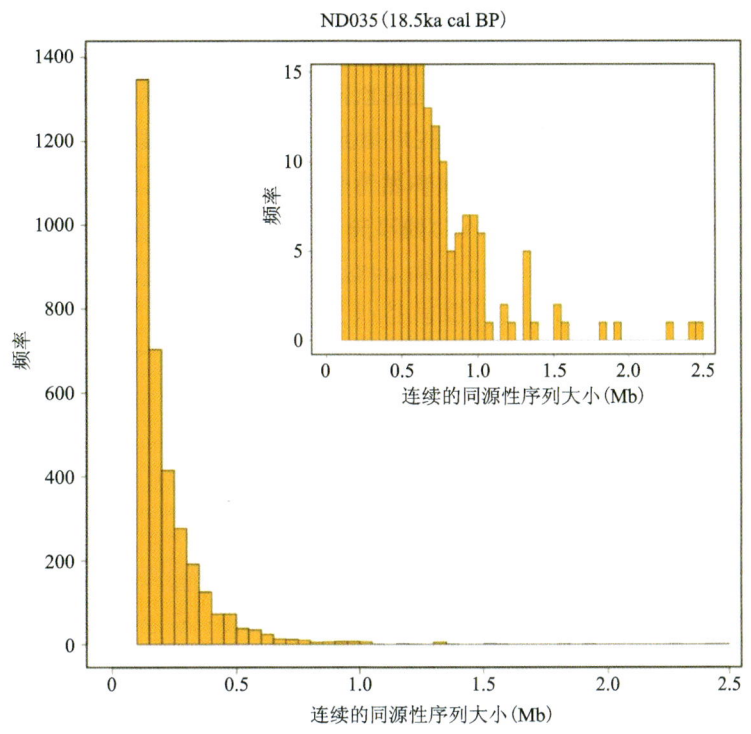

图 3-22　披毛犀 ND035 个体纯合子（ROH）大小的分布频率（Lord et al.，2020）

最近，Rey-Iglesia 等（2021）在前人工作的基础上，利用 61 条线粒体 D-loop 序列片段对欧洲和北亚地区披毛犀种群的母系地理谱系进行了系统研究。结果表明披毛犀种群拥有 3 个在地理分布上无明显时-空结构的母系谱系（图 3-23），得到与 Lord 等（2020）类似的研究结论。同时，这 3 个谱系在末次冰盛期时期均有扩张迹象，此外该研究还发现北亚地区披毛犀种群的单倍型多样性和遗传多样性最为丰富。

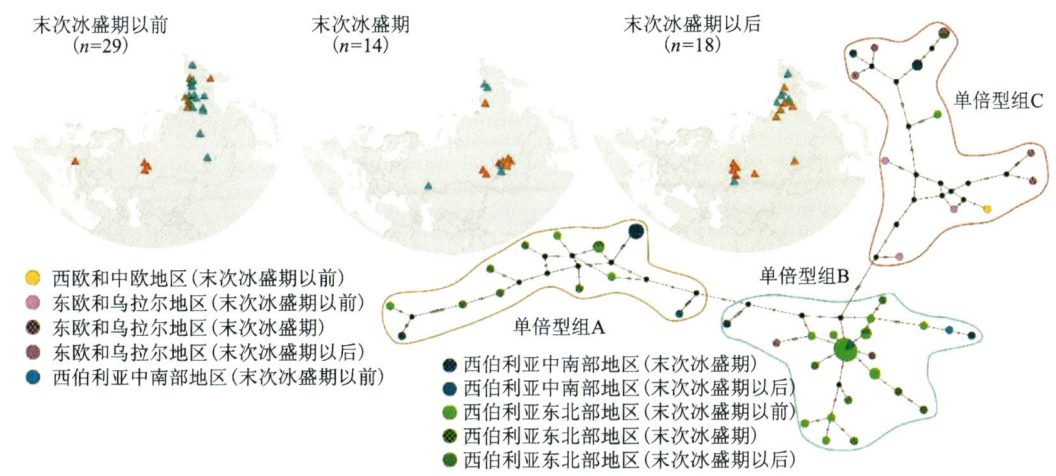

图 3-23　基于线粒体 D-loop 区片段构建的披毛犀母系地理谱系（Rey-Iglesia et al.，2021）

Seeber 等(2023)从德国旧石器时代中期洞穴鬣狗(*Crocuta crocuta spelea*)粪便化石材料中提取并组装了第一条欧洲披毛犀线粒体基因组,将该序列与 Lord 等(2020)从西伯利亚晚更新世披毛犀样品中获取的 14 条完整线粒体基因组一起构建了贝叶斯系统发育树,分析表明这个欧洲个体(BSVK22)代表的谱系最先从披毛犀分支中产生分歧(图 3-24),该欧洲谱系的分歧时间也与欧洲最早的披毛犀化石记录相吻合。

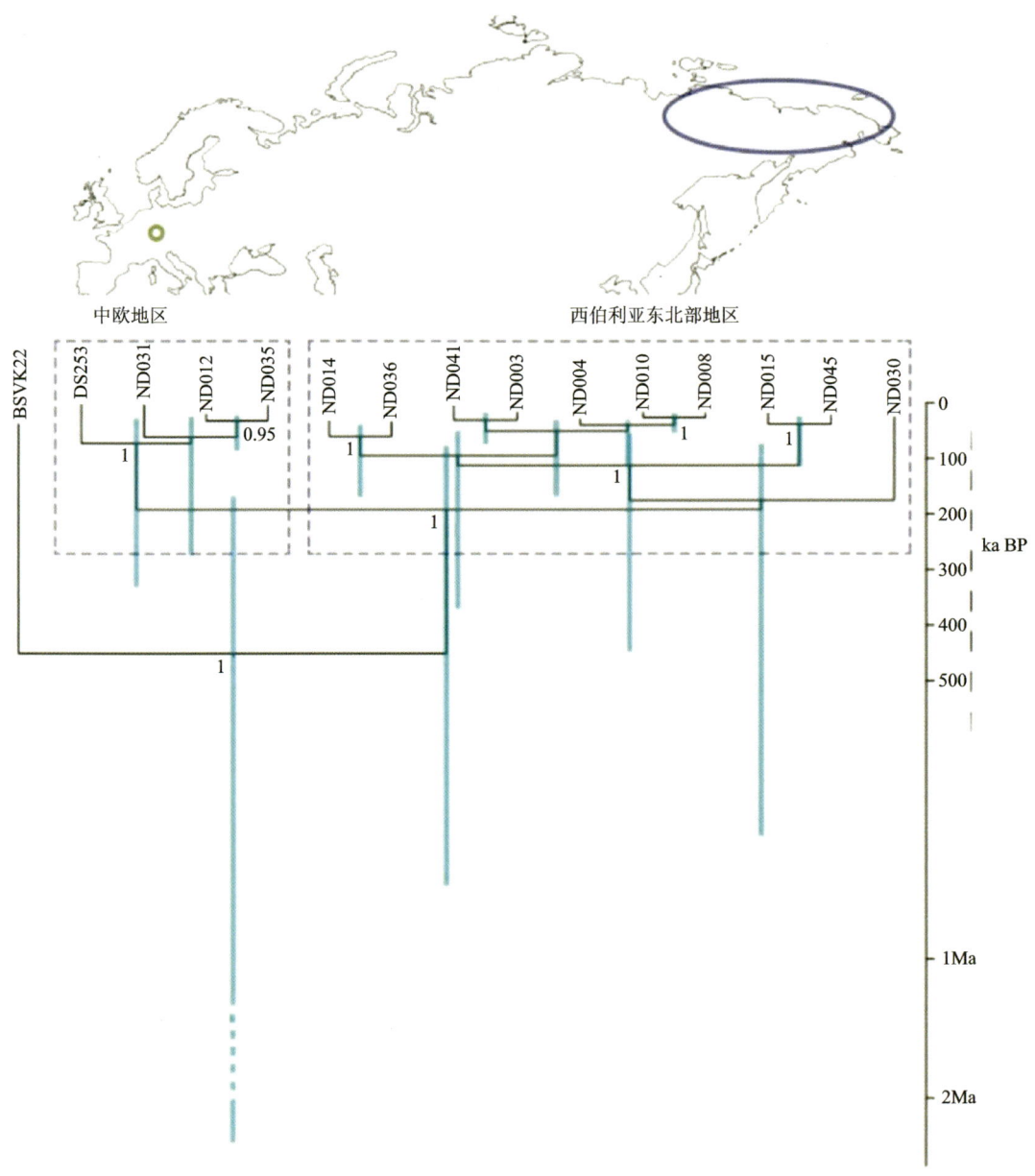

图 3-24　基于欧洲披毛犀(BSVK22)与西伯利亚披毛犀完整线粒体基因组构建的贝叶斯系统发育树(Seeber et al.,2023)

注:节点处数字表示后验概率

以上研究让人们对更新世欧洲和北亚地区披毛犀种群演化历史有了更为清晰的认识,但目前仍存在一些待解谜团。例如,披毛犀在欧亚大陆是如何进行迁徙演化的? 在晚更新世和全新世交替之际,又为何快速走向灭绝? 要回答这些问题仍需要开展进一步的研究。

3.4.2 国内披毛犀古 DNA 研究

根据现有的化石记录,中国既是腔齿犀属的起源地,同时也是更新世披毛犀的重要栖息地,在黄河"几字弯"及其附近流域、华北地区和东北地区晚更新世地层中出土了大量披毛犀化石材料(周本雄,1978;Deng,2008;Deng et al.,2011;姜海涛等,2019;赵克良等,2021)。因此,中国披毛犀化石材料对揭示该物种的演化历史具有极高的研究价值。然而,截至目前对我国披毛犀化石样品开展的古 DNA 研究工作相对较少,仅见申请人所在团队开展的几项研究成果。

3.4.2.1 分子系统发育分析

双小燕等(2012)从采自辽宁省海城市小孤山 1 个晚更新世披毛犀化石样品(C.a.LH)中获得 $Cyt\ b$ 基因 1080 bp 序列,调用 NCBI 数据库中已发表的披毛犀序列及 5 种现生犀牛的同源序列,以斑马作为外类群,采用邻接法(neighbor-joining,NJ)法和最大似然法(miximum likelihood,ML)法构建母系系统发育树(图 3-25)。研究表明披毛犀与现生苏门答腊犀亲缘关系最近,支持角假说;另外,辽宁省海城市小孤山样品(C.a.LH)处于整个披毛犀分支的根部。

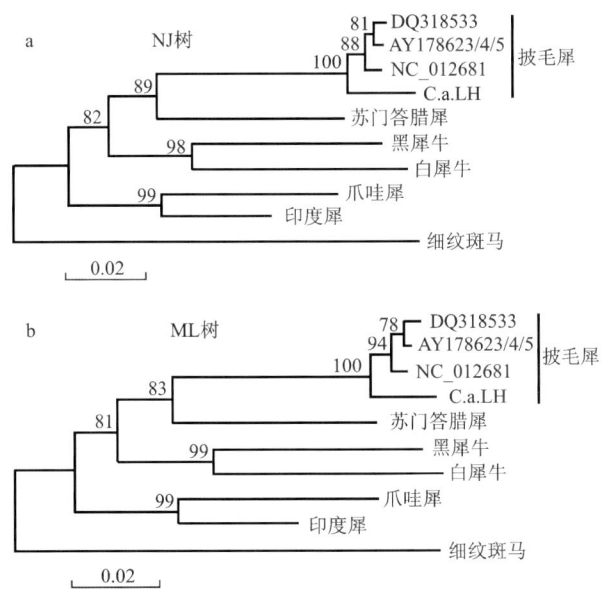

图 3-25 基于披毛犀与现生犀牛部分 $Cyt\ b$ 基因片段构建的系统发育树(双小燕等,2012)

此后,笔者从青冈、肇东、萨拉乌苏等地 5 个晚更新世披毛犀化石样品中获得完整或部分 $Cyt\ b$ 基因序列(表 3-1)(Yuan et al.,2014)。采用不同方法构建的分子系统发育树均显示所有披毛犀样品都聚在一起,反映了披毛犀样品序列的同源性,且已灭绝披毛犀与现生的苏门答腊犀亲缘关系最近(图3-26、图3-27)。整个披毛犀分支又分成3个谱系,采自肇东(C. a. HS12)、青冈(C. a. Qg13)的2个样品与采自俄罗斯雅库特的1个样品(FJ905813)聚在一个分支,说明在晚更新世时期我国东北地区的披毛犀与北亚地区的披毛犀存在较近遗传关系。这也反映了在第四纪冰期/间冰期的旋回过程中,随着气候环境的变化披毛犀这种典型冰缘物种南北向的迁徙扩散。另外,采自萨拉乌苏的2个样品(C. a. SL1、C. a. SL4)与1个肇东样品(C. a._HS14)聚为一个独立谱系,并处于整个披毛犀分支的根部位置。

表3-1 从中国东北5个披毛犀样品获取 *Cyt b* 基因情况汇总表(Yuan et al.,2014)

实验室编号	^{14}C 测年(距今,a)	序列长度(bp)	样品采集地点	GenBank 收录号
C. a. HS12*	约 39 000	1130	肇东	GU371439
C. a. HS14	39 625±250	1140	肇东	GU371440
C. a. Qg13	35 085±180	490	青冈	JQ974919
C. a. SL1*	约 42 000	651	萨拉乌苏	JQ974920
C. a. SL4	42 230±370	1100	萨拉乌苏	JQ974921

注:*为样品出土的地层年代。

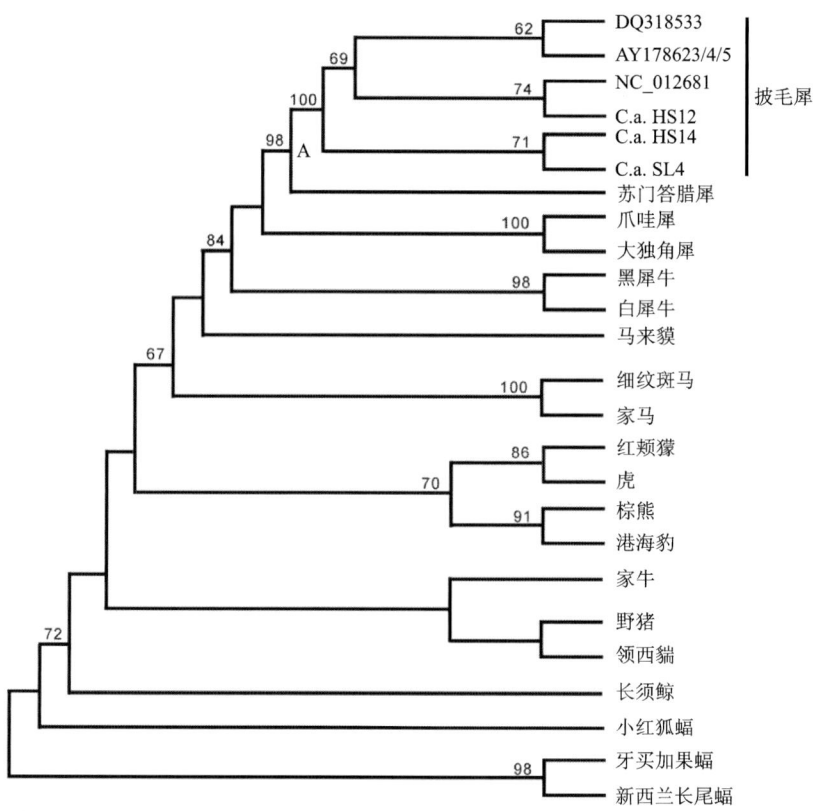

图3-26 基于披毛犀668bp *Cyt b* 基因片段采用 MEGA 软件构建的系统发育树(Yuan et al.,2014)
注:图中数字代表自展支持率。

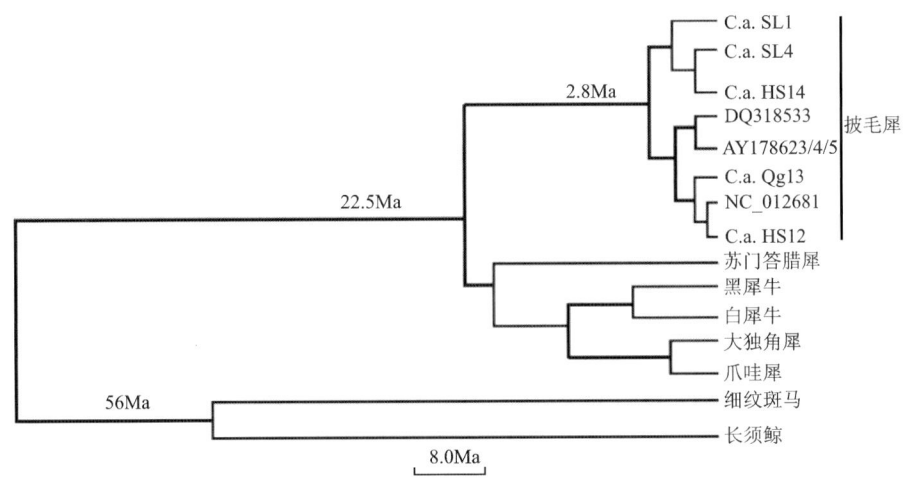

图 3-27 基于披毛犀 289bp $Cyt\ b$ 基因片段采用 BEAST 软件构建的系统发育树(Yuan et al.,2014)

注:图中数字代表谱系分歧时间。

最近,笔者课题组(Yuan et al.,2023)从采自内蒙古萨拉乌苏遗址、新巴尔虎左旗及黑龙江青冈县的 4 个晚更新世披毛犀化石样品中获得较完整的线粒体基因组(表 3-2)。

表 3-2 中国东北 4 个披毛犀样品近完整线粒体基因组数据统计(Yuan et al.,2023)

实验室编号	^{14}C 测年(距今,a)	序列长度(bp)	样品采集地点	GenBank 收录号
CADG739	41 080±260	12 660	青冈	OP803072.1
CADG744*	>43 500	16 233	新巴尔虎左旗	OP803073.1
CADG900**	>43 500	15 883	萨拉乌苏	OP803074.1
CADG912***	>43 500	15 471	萨拉乌苏	OP803075.1

注:利用 BEAST 软件分子钟推算样品年代中值:* 为距今 62 450a;** 为距今 51 720a;*** 为距今 59 810a。

最近,Yuan 等(2023)利用 4 条新获取的披毛犀线粒体基因组,结合数据库中已有同源序列,以梅氏犀(KX646743)为外类群,分别采用邻接法、最大似然法构建了 NJ 和 ML 系统发育树(孙国江,2023;Yuan et al.,2023)。分析结果表明不同构树方法均得到相似的拓扑结构,即所分析的披毛犀样品被分成 4 个主要分支(图 3-28)。其中,分支 2、分支 3、分支 4 已由前人的研究所报道(Lord et al.,2020),分支 1 是由笔者研究团队首次新发现的谱系。所研究的 4 个中国披毛犀样品分别属于分支 1 和分支 4。披毛犀这 4 个遗传谱系具体情况如下。

分支 1 由来自内蒙古新巴尔虎左旗的 1 个样品(CADG744)组成,并且位于整个披毛犀种群的根部位置,表明该支系最先从披毛犀演化主干中分化出来,是该物种目前已知一个古老的谱系。由于样品数量的限制,该谱系的地理起源和历史分布等问题需要进一步研究。

分支 2 和分支 3 均由来自俄罗斯雅库特和楚科奇地区的披毛犀个体组成,并且均匀分布在两个谱系中。这种现象可能源于两地披毛犀种群间频繁的基因交流。

分支 4 由 3 个中国披毛犀个体(CADG739、CADG900 及 CADG912)和 1 个弗兰格尔岛个体(ND030)共同组成。以前,Lord 等(2020)曾认为以弗兰格尔岛 ND030 个体代表的披毛犀谱系是一个孤立的岛屿谱系。然而,笔者课题组最新的研究成果揭示分支 4 在晚更新世晚期具有较广的地理分布范围跨度,至少包括我国内蒙古萨拉乌苏、黑龙江青冈和俄罗斯弗兰格尔岛之间的广袤区域。在支系 4 中,弗兰格尔岛个体(ND030)落入了一个以中国披毛犀样品为主导的谱系,说明 ND030 在遗传结构上更接近中国披毛犀,而非地理位置更近的雅库特或者楚科奇地区的披毛犀种群。Yuan 等(2023)推测 ND030 很可能是该谱系中国北方披毛犀个体向北扩散的后代。

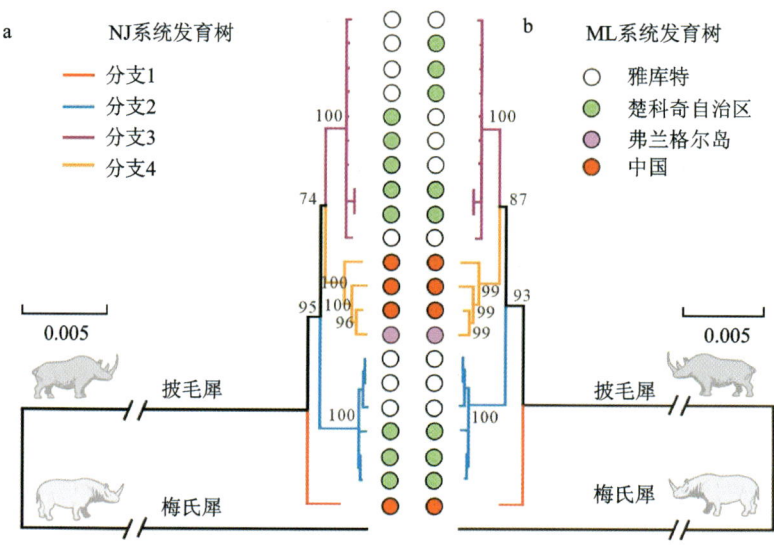

图 3-28　基于中国及北亚披毛犀线粒体基因组构建的邻接法和最大似然法系统发育树(Yuan et al.,2023;孙国江,2023)

3.4.2.2　分歧时间估算

笔者曾基于部分 $Cyt\ b$ 序列、采用不同分子钟校正方法来计算披毛犀与现生苏门答腊犀的分歧时间(袁俊霞,2013;Yuan et al.,2014)。首先,采用化石节点来进行分子钟校正:以马科动物(Equidae)和角型亚目(Ceratomorpha)的分歧时间(56Ma)、偶蹄目(Artiodactyla)和鲸类(Cetacea)的分歧时间(60Ma)为校正节点,采用 MEGA 软件推算披毛犀与苏门答腊犀的分歧时间为 27.6~24.5Ma。另外,基于化石记录马科动物(Equidae)和角型亚目(Ceratomorpha)的分歧时间(56.0Ma)为校正节点,利用贝叶斯方法估算披毛犀与现生苏门答腊犀的分歧时间为 22.5Ma。此外,笔者采用基因突变速率来估算分歧时间:根据 $Cyt\ b$ 基因演化速率(每百万年 2% 突变速率),利用 Network 软件推算出披毛犀与苏门答腊犀的分歧时间为 4.7~3.8Ma(图 3-29)。综上所述,采用外类群中已知化石的分歧时间来进行分子钟估算,得到的较老分歧时间刻度高估了两个物种之间的分歧时间,而基于基因突变速率推算出较近的分歧时间刻度,这与目前已知最早腔齿犀属化石材料出现的年代较为吻合。

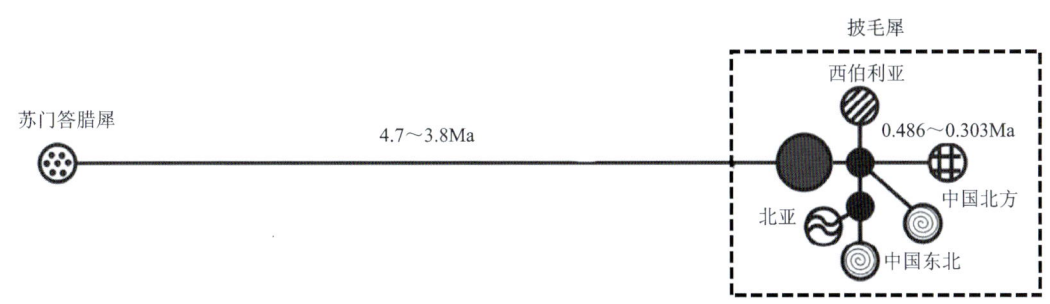

图 3-29　基于披毛犀和苏门答腊犀部分 Cyt b 基因利用 Network 软件构建的中介网络图
(袁俊霞,2013;Yuan et al.,2014)

为了估算披毛犀种群各支系的分歧时间,Yuan 等(2023)基于披毛犀完整线粒体基因组,以梅氏犀(KX646743)作为外类群、采用根节点(Root-date)和样品年代(Tip-dating)双重校正方法,利用 BEAST 软件构建了带分子钟的贝叶斯系统发育树。Root-date 校正年代设置梅氏犀与披毛犀的分歧时间为$(5.5±0.7)$Ma(Liu et al.,2021)。设置 Tip-dating 校正时需要样品的年代信息,利用均匀分布的严格分子钟(年代范围:50 万~0 万 a,初始值设定为 43 500a)对 3 个超过放射性^{14}C 测年上限的披毛犀样品(CADG744、CADG900 及 CADG912)的年代信息分别进行了推算,分子估算年龄中值分别为距今 62 450a、51 720a 和 59 810a。

利用贝叶斯法构建的系统发育树(图 3-30)与邻接法、最大似然法系统发育树(图 3-28)的拓扑结构基本保持一致,所分析的披毛犀个体均分为 4 个支系,并有较高的后验概率值。根据模拟运算结果,梅氏犀和披毛犀的分化发生在 5.55Ma(95% 置信区间:6.56~4.62Ma),与 Liu 等(2021)利用核基因组数据模拟的结果基本保持一致,验证了笔者对披毛犀种群内部分歧时间模拟结果的可靠性。

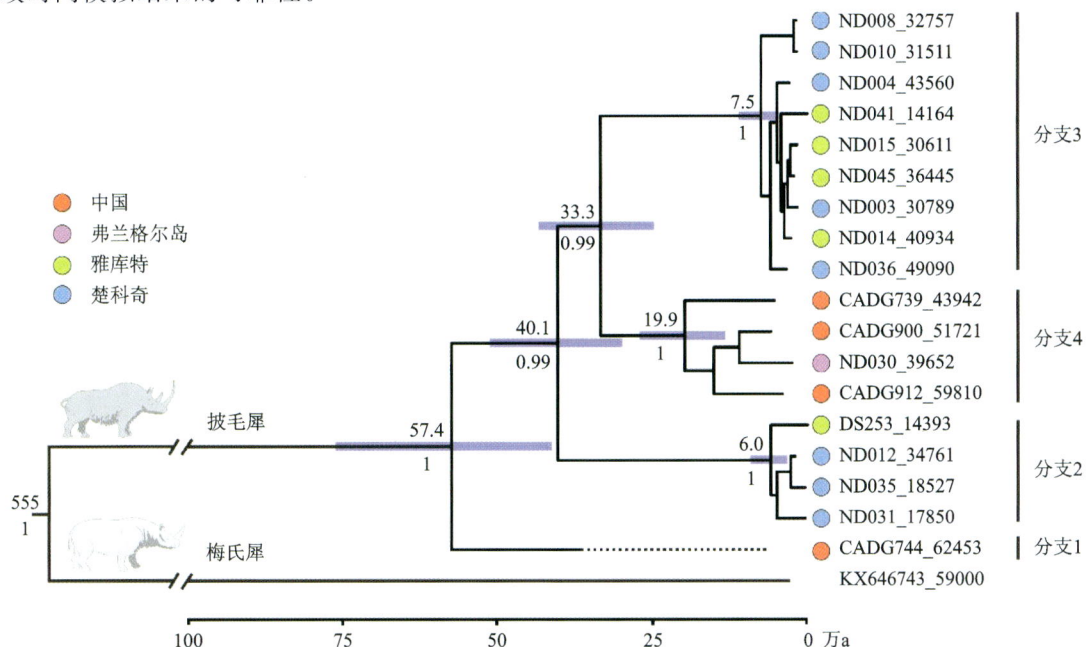

图 3-30　基于披毛犀完整线粒体基因组构建的带分子钟贝叶斯系统发育树(孙国江,2023;Yuan et al.,2023)
注:系统发育树节点处的数字从上至下依次为分歧时间和后验概率值;蓝色条带代表分歧时间的 95% 置信区间。

根据化石记录,学者一般认为欧洲是真披毛犀的起源演化中心(Kahlke and Lacombat, 2008)。披毛犀首次出现在欧洲地区是在中更新世时期(距今 46.0 万～40.0 万 a),Yuan 等 (2023)推算披毛犀种群的最近共同祖先出现在距今 57.4 万 a(95% 置信区间:76.1 万～ 41.1 万 a),其下限值与化石记录较为吻合。另外,分支 2 与分支 3/4、分支 3 与分支 4 的分歧 时间分别为距今 40.1 万 a(95% 置信区间:51.2 万～29.8 万 a)和 33.3 万 a(95% 置信区间: 43.3 万～24.7 万 a),稍早于 Lord 等(2020)的模拟结果,但是两者的 95% 置信区间有所重 叠。这种差异可能来源于以下两个方面:一方面,Lord 等(2020)的估算研究仅采用 Tip-dating 进行校正,这可能导致估计的分歧节点比实际更年轻,而笔者则采用 Tip-dating 和 Root-date 双重校正方法,使得模拟结果可能更接近真实情况(Yuan et al.,2023)。另一方面,笔者所采 用的数据集包含披毛犀样本的地理分布更广,且新发现了处于根部的古老遗传谱系,所分析 的样品更具代表性。分支 2、分支 3 支系个体的最近共同祖先分别为距今 6.0 万 a 和 7.5 万 a, 这两个谱系在晚更新世时期迅速多样化。分支 4 成员的最近共同祖先可追溯至中更新世 19.9 万 a 前(95% 置信区间:27.2 万～13.3 万 a),分支 4 样品的放射性碳同位素年代均超过 3.9 万 a,该谱系是否延续至晚更新世末期还需开展进一步的研究。

3.4.2.3 种群谱系地理

为了调查中国披毛犀种群与同时期其他区域披毛犀种群的母系地理结构,利用 7 个中国 样品、18 个北亚披毛犀样品的部分 *Cyt* b 基因开展中介网络分析(图 3-31)。所分析的 25 个 披毛犀样品形成 4 个主要单倍群,其拓扑结构与前述系统发育分析(图 3-24、图 3-26)基本保 持一致:单倍群 A 对应分支 1,单倍群 B 对应分支 2,单倍群 C 对应分支 3,单倍群 D 对应分 支 4。

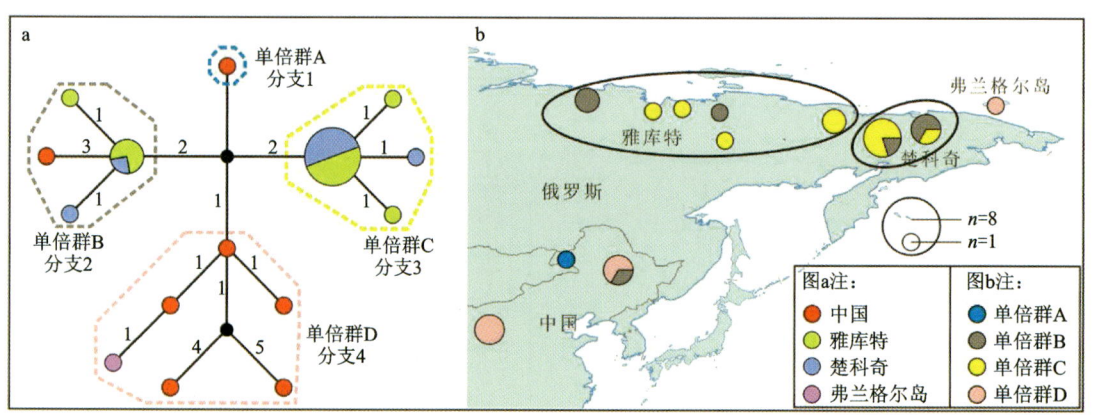

图 3-31 基于 902bp *Cyt* b 基因序列构建的披毛犀母系地理谱系(孙国江,2023;Yuan et al.,2023)
注:a.中介网络图,每个圆圈代表一个单倍型,其颜色与样品的地理来源一致;黑点代表目前尚未被发现的单倍型;横 线处数字代表相邻单倍型之间的碱基突变数目。b.单倍型地理分布图,单倍型颜色与图 a 中单倍群划分保持一致。 样品数量与圆圈大小成正比。

Yuan 等(2023)获取的 4 个披毛犀样品的古基因组,加上此前 Yuan 等(2014)报道的 3 个 中国披毛犀样品的部分线粒体 DNA 序列,共计 7 个中国披毛犀样品分别落入了单倍群 A、单倍群 B 和单倍群 D,其中有 5 个中国样品属于单倍群 D。由于是随机取样,Yuan 等(2023)推测单倍群 D 在中国晚更新世披毛犀母系谱系中处于主导地位。

由图 3-31 所示,单倍群 A 仍由 1 个样本(CADG744)组成;单倍群 B 由 6 个样本组成,分别来自雅库特地区、楚科奇地区以及中国肇东地区;单倍群 C 由 11 个来自雅库特地区和楚科奇地区的披毛犀个体组成;单倍群 D 是以中国披毛犀样品为主导的谱系(另包含 1 个弗兰格尔岛样品)。综上所述,除单倍群 A 之外,其他 3 个单倍群至少包含 2 个地区披毛犀个体,表明不同地区披毛犀种群的线粒体遗传谱系没有形成明显的谱系地理结构,进一步支持了前人的研究结果(Lord et al.,2020;Rey-Iglesia et al.,2021)。中国北方地区至雅库特、楚科奇地区之间没有天然地理屏障,为种群内部基因交流提供了良好的地理条件,换言之,东北亚晚更新世披毛犀是一个可以随机交配的自然群体;此外也认为是谱系异域分化后的种群扩张导致了这种结构。然而,正如 Rey-Iglesia 等(2021)的建议,这种模式需要进一步验证。

另外,单倍群 B 由 6 个样本组成,其单倍型多样性(Haplotype diversity, Hd)为 0.714(图 3-32a);单倍群 C 由 11 个来自雅库特地区和楚科奇地区的披毛犀个体组成,其单倍型多样性水平仅为 0.491;单倍群 D 是以 5 个中国披毛犀样品及 1 个弗兰格尔岛样品组成,其单倍型多样性水平最高($Hd=1.000$)。从地理区域来看,Yuan 等(2023)发现中国北方地区披毛犀种群的单倍型多样性最为丰富($Hd=1.000$),高于同时期雅库特($Hd=0.806$)、楚科奇地区($Hd=0.750$)的披毛犀种群(图 3-32b)。系统地理学认为位于演化中心的生物种群倾向于拥有更为原始、丰富的单倍型(Provan et al.,2008)。据此,Yuan 等(2023)认为中国北方地区可能是更新世披毛犀潜在的一个演化中心或者冰期避难所。

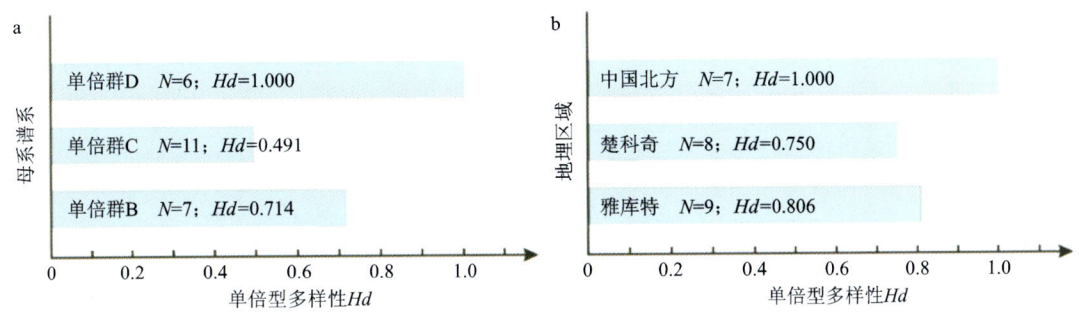

图 3-32 东北亚披毛犀种群单倍型多样性分析(孙国江,2023)

注:a.不同谱系的单倍型多样性;b.不同地区的单倍型多样性。其中,N 代表样本数量。

3.4.2.4 母系有效种群历史动态

孙国江(2023)基于线粒体基因组重建了披毛犀母系有效种群动态历史,如图 3-33 所示。自晚更新世以来,披毛犀的母系有效种群规模总体处于下降状态,基本变化趋势与 Lord 等(2020)利用核基因组进行 PSMC 的分析结果(图 3-21)一致。孙国江(2023)的研究显示,在距今 12.5 万~6.5 万 a 间,披毛犀的母系有效种群规模总体保持稳定;然而,在距今 6.5 万~4.2 万 a 间,该物种的有效种群规模快速下降,并在距今 4.2 万 a 降至最低值。大角鹿(*Megaloceros giganteus*)、家养双峰驼、麝牛(*Ovibos moschatus*)等同期同域的大型哺乳动物的有效种群规模在这一时段内也出现了不同程度的下降(Campos et al.,2010;Wu et al.,2014;Rey-Iglesia et al.,2021)。多种动物的种群规模下降可能与现代智人在该时间段成功从非洲扩散到欧亚大陆有关(Mellars,2006),气候变化也可能是导致物种种群规模降低的重要原因。有研究表明,受气候变化影响,在上述同一时期泛北极地区草本植物多样性呈下降趋势,而木本植物多样性有所增加(Wang et al.,2021b)。披毛犀以草本植物为主食(Boeskorov et al.,2011;Drucker et al.,2022),气候变化导致该物种赖以生存的食物和栖息地减少,进而导致其有效种群规模快速下降。在距今 4.2 万～3.2 万 a 期间,披毛犀的母系有效种群规模在极短时间内经历了快速的恢复阶段,该阶段相对温和的气候条件可能有利于该物种生存和繁衍(Puzachenko et al.,2021)。在距今 3.2 万～1.4 万 a 间,披毛犀的母系有效种群规模相对较为稳定,并保持至其在晚更新世末期的灭绝(距今 1.4 万～1.2 万 a)(Stuart and Lister,2012)。

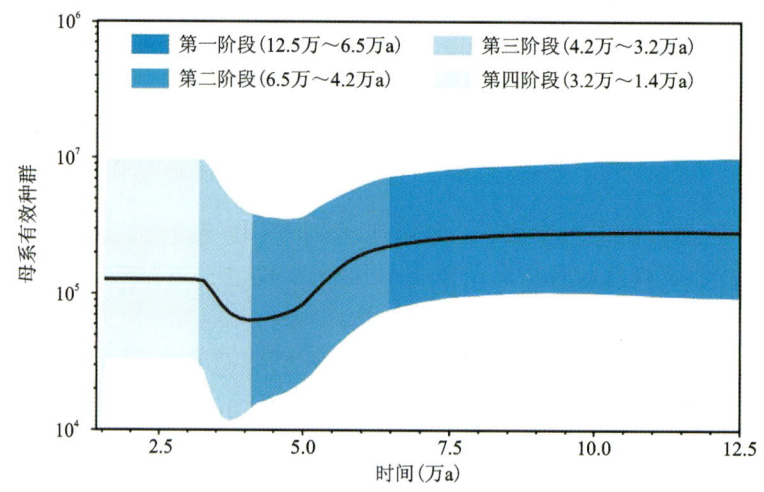

图 3-33　基于近完整线粒体基因组重建披毛犀的母系有效种群动态变化(孙国江,2023)
注:黑色样条线为模拟结果中值曲线;蓝色阴影区域为 95% 置信区间。

气候环境变化、人类活动、疾病或病变等因素被认为是导致披毛犀物种灭绝的重要原因(Mellars,2006;Lorenzen et al.,2011;Stuart and Lister,2012;Van der Geer et al.,2017;Wang et al.,2021)。目前,尽管导致披毛犀灭绝的确切原因尚有争议,但是大多数学者一致认为该物种最终的灭绝发生在极短的时间内(Stuart and Lister,2012;Lord et al.,2020;Puzachenko et al.,2021),孙国江(2023)的研究结果也支持这一观点。

3.4.2.5　遗传多样性水平

孙国江(2023)计算和比较了犀科灭绝种与现生物种线粒体基因组核苷酸多样性(π),发现黑犀牛拥有最高水平的核苷酸多样性,大独角犀拥有最低水平的核苷酸多样性(表 3-3)。总体来看,所分析物种的核苷酸多样性水平相对较低,有限的遗传多样性可能是真犀族动物的固有特征(Liu et al.,2021)。披毛犀的核苷酸多样性(0.372 7%)不仅高于已灭绝板齿犀(0.124 3%),还高于已被世界自然保护联盟列为濒危或近危的现生物种苏门答腊犀(0.243 4%)、大独角犀(0.029 6%)和爪哇犀(0.235 9%),表明该物种灭绝前仍拥有相对其他真犀族物种来说较为丰富的遗传多样性。因此,这一研究结果也支持前述披毛犀的灭绝事件发生在极短的时间内,遗传多样性丧失可能不是造成披毛犀最终灭绝的主要原因。

表 3-3 已灭绝及现生犀牛线粒体基因组核苷酸多样性比较(孙国江,2023)

物种	样本大小 N(个)	分离位点 S(个)	π(%)	P
披毛犀	21	151	0.372 7	0.013 4
黑犀牛	3	112	0.662 9	0.009 9
苏门答腊犀	19	73	0.243 4	0.006 5
爪哇犀	8	65	0.235 9	0.005 8
板齿犀	3	21	0.124 3	0.001 9
大独角犀	3	5	0.029 6	0.000 4

孙国江(2023)进一步计算了不同地区(中国北方、俄罗斯楚科奇和雅库特地区)晚更新世披毛犀种群的线粒体基因组核苷酸多样性,结果见表 3-4。显然,中国北方晚更新世披毛犀种群的核苷酸多样性(0.355 7%)高于同时期俄罗斯楚科奇和雅库特地区的披毛犀种群(分别为 0.289 3% 和 0.233 2%)。

表 3-4 晚更新世时期不同区域披毛犀的线粒体基因组核苷酸多样性比较(孙国江,2023)

地理区域	样本大小 N(个)	分离位点 S(个)	π(%)	P
中国北方	4	82	0.355 7	0.007 0
俄罗斯雅库特	8	56	0.233 2	0.004 8
俄罗斯楚科奇	9	89	0.289 3	0.007 6

核苷酸多样性是评判物种进化和环境适应能力的重要标准,是物种适应环境改变而不断进化的基础,核苷酸多样性越丰富意味着种群的环境适应能力和进化潜力越强。Savolainen 等(2002)认为物种祖先群体的遗传多样性高于其衍生群体。晚更新世时期中国北方地区披毛犀种群拥有相对古老的遗传谱系(图 3-28、图 3-30)、丰富的单倍型种类(图 3-31、图 3-32)和遗传多样性水平(表 3-4)。此外,中国北方地区在更新世地层中发现有大量的披毛犀化石(周本雄,1978;赵克良等,2021;Ma et al.,2021)。综上,化石证据和分子研究结果均表明我国北方地区可能是晚更新世时期披毛犀种群一个潜在的演化中心或者冰期避难所。

3.5 梅氏犀古基因组研究

根据化石材料,梅氏犀与其在欧洲的近亲草原犀牛(*Stephanorhinus hemitoechus*)经常混淆(Billia and Petronio,2009);如果是较为破碎的材料,梅氏犀也难以与披毛犀相区分。

相对于披毛犀而言,截至目前,学界对梅氏犀公开报道的古基因组研究成果较为匮乏。

Kirillova 等(2017)首次获取了俄罗斯雅库特库顿河地区 1 个距今 7 万~4.8 万 a 梅氏犀化石材料的完整线粒体基因组,结合犀科其他物种的线粒体 DNA 序列构建的系统发育树显示,相较于现生犀牛,真犀族已灭绝梅氏犀与披毛犀亲缘关系最近(图 3-34)。

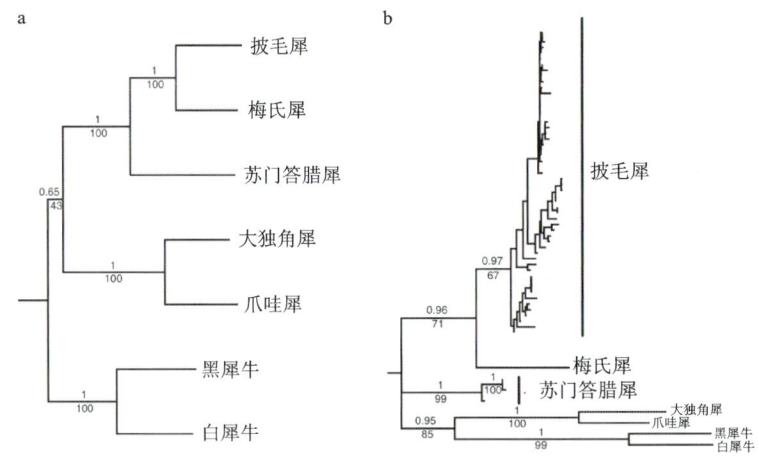

图 3-34　基于梅氏犀、披毛犀及现生犀牛完整线粒体基因组(a)及部分序列(b)构建的系统发育树(Kirillova et al.,2017)
注:横线上方数字表示后验概率值,横线下方数字表示自展支持率。

随后,Kirillova 等(2021)又分析了来自俄罗斯阿尔泰地区(AltR)2 个梅氏犀样品的完整线粒体基因组,结合前述库顿河地区(ChR)1 个梅氏犀样品的完整线粒体基因组重建的系统发育树,同样显示梅氏犀与披毛犀的亲缘关系最近(图 3-35)。另外,遗传学数据表明阿尔泰地区和库顿河地区的梅氏犀已经产生了分化。

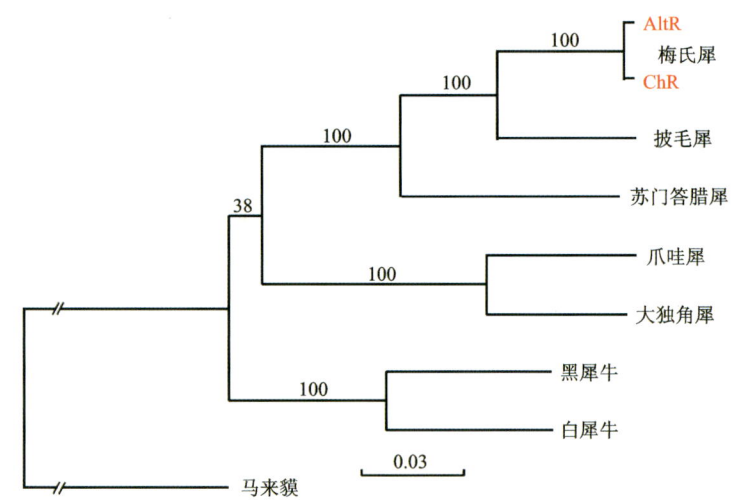

图 3-35　基于梅氏犀、披毛犀及现生犀牛完整线粒体基因组构建的系统发育树(Kirillova et al.,2021)

Liu 等(2021)利用真犀族核 DNA 序列构建分子系统发育树,将真犀亚科划分为 3 个支系,即 Diceroti(包括黑犀牛和白犀牛)、Rhinoceros(包括爪哇犀和大独角犀)和 DCS

(*Dicerorhinus-Coelodonta-Stephanorhinus*)。DCS支系由苏门答腊犀、梅氏犀和披毛犀3个物种组成,它们的最近共同祖先出现在约9.38Ma。该研究还从核基因组水平证实:相比于其他已灭绝、现生犀牛,梅氏犀与披毛犀的亲缘关系最近,且两者的最近共同祖先出现在5.50Ma(图3-36)。有学者认为披毛犀和梅氏犀是由欧洲早期的*Stephanorhinus*谱系演化而来(Cappellini et al.,2019)。

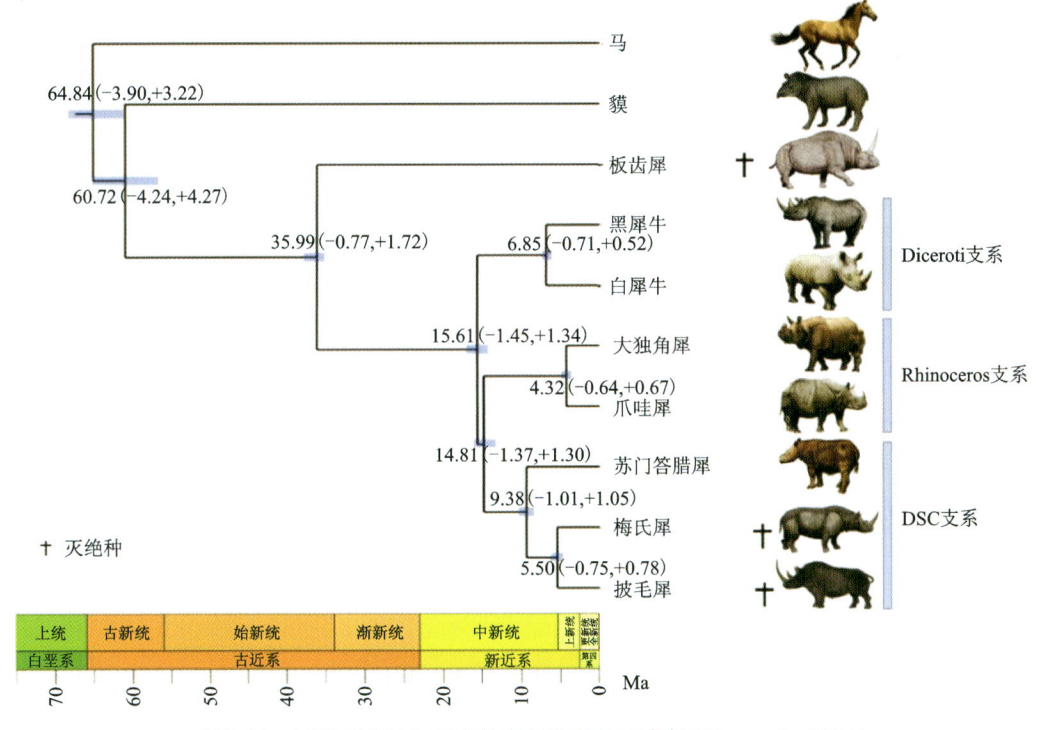

图3-36 基于核DNA构建的真犀族系统发育树(Liu et al.,2021)
注:节点处数字表示谱系分歧时间;蓝色线代表谱系分歧时间95%置信区间。

根据化石记录,梅氏犀在我国生活的时代为早更新世至晚更新世末期,分布范围比披毛犀更广泛,从黑龙江省、内蒙古自治区到河北省的泥河湾盆地、重庆市巫山县迷宫洞、湖北省神农架犀牛洞等地都发现有梅氏犀遗存材料(周本雄,1978;陈少坤等,2012;同号文等,2014)。然而,截至目前尚未见对中国梅氏犀化石材料开展古DNA研究成果公开报道。笔者课题组对梅氏犀材料开展的古DNA研究尚处于起步阶段,仅从2个样品中获取到部分线粒体DNA序列(约1600 bp及400 bp)。由于所获取的梅氏犀序列涉及样本量少,且序列较短,目前尚无法厘清中国梅氏犀种群详尽的谱系演化、迁徙过程。

第4章 骆驼科动物古基因组研究

一般认为骆驼科动物的起源可追溯到始新世(45.0~40.0Ma)的北美(Stanley et al.，1994)。北美骆驼的演化曾经非常繁盛，至少曾存在过20个属(Rybczynski et al.，2013；Burger et al.，2019)。古生物学和遗传学数据共同表明，骆驼的2个类群Lamini和Camelini在早中新世晚期(17.5~16.0Ma)就已产生分化(Honey et al.，1998)。根据化石记录，Lamini类群大约在3.0Ma扩散到南美(Rybczynski et al.，2013)，Camelini类群则在中新世晚期(7.5~6.5Ma)首次通过白令陆桥扩散到亚洲，随后逐渐扩散至欧洲和非洲并演化出不同谱系(Pickford et al.，1995；Rowan et al.，2018；刘文晖等，2023)。从中新世晚期至今，欧亚及非洲大陆的骆驼只存在*Paracamelus*和*Camelus* 2个属，其中*Paracamelus*属被认为很有可能是*Camelus*属的祖先(Rybczynski et al.，2013)。

欧亚及非洲大陆现生的骆驼都属于骆驼属(*Camelus*)，包含3个现生种：家养单峰驼(*Camelus dromedarius*)、家养双峰驼和野生双峰驼(*Camelus ferus*)。目前，家养单峰驼主要饲养在非洲西部、北部及中东的热带干旱沙漠地区(Almathen et al.，2016)，家养双峰驼主要分布在中亚、东亚的高纬度干旱地区，在我国有悠久的饲养历史(罗运兵，2013)。欧亚及非洲大陆唯一的现生野骆驼——野生双峰驼，目前仅栖息于我国阿尔金山北麓、塔克拉玛干沙漠东部、罗布泊北部戈壁地区以及中蒙边境的戈壁沙漠4个保护区内，野生双峰驼是珍稀濒危物种(Ji et al.，2009；薛亚东等，2014)。

骆驼属动物除上述3种现生骆驼外还包含一些灭绝种类，如*Camelus grattatdi*、*Camelus sivalensis*、*Camelus thomasi*、*Camelus knoblochi*等(Geraads et al.，2020；刘文晖等，2023)。其中，诺氏驼(*Camelus knoblochi*)是在晚更新世末期灭绝的一种大型双峰骆驼(Titov，2008)。

更新世以来，生活在欧亚大陆北部的骆驼属动物主要是以灭绝种诺氏驼和现生家养双峰驼、野生双峰驼为代表，本章所讲的双峰骆驼就仅指上述3种骆驼。来自古生物学、考古学、分子生物学等领域的学者对双峰骆驼开展了大量研究工作并取得了一些研究进展，但目前人们对现生双峰骆驼祖先种群演化历史的认识还较为有限，家养双峰驼的驯化起源仍是待解谜团。此外，学界对现生双峰骆驼与已灭绝诺氏驼之间的谱系演化关系、历史时期的种群互动、诺氏驼灭绝的主要驱动因素等问题的认识还比较模糊。

中国骆驼在地质时代上时间跨度较长，从中新世晚期一直延续至今(刘文晖等，2023)。在我国，早期的骆驼材料发现较少，自更新世以来骆驼材料相对比较丰富，通常将我国早、中更新世的骆驼标本归为巨副驼(*Paracamelus gigas*)，晚更新世以来的骆驼材料根据形态学特征可以鉴别为诺氏驼和家养/野生双峰驼。晚更新世时期，诺氏驼在我国北方地区分布广泛;家养双峰驼在我国有悠久的饲养历史(Peters and Von den Driesh,1997;罗运兵,2013);旧大陆(欧亚及非洲大陆)唯一的现生野骆驼——野生双峰驼,目前仅分布于我国新疆及中国与蒙古国边境地区,估计仅存1000峰左右,被IUCN列为极度濒危物种(Ji et al.,2009;薛亚东等,2014)。综上,中国骆驼在旧大陆骆驼的演化史上占有重要地位。另外,骆驼被誉为"沙漠之舟",对干旱恶劣气候环境有很强的耐受性,是学界探究生物环境适应性较为理想的目标物种(Wu et al.,2014)。因此,对中国晚更新世—全新世骆驼材料开展古基因组学、年代学以及碳氮稳定同位素分析,探讨我国骆驼种群的演化历史,对人们理解旧大陆骆驼的演化历程也都将具有非常重要的意义。

4.1 家养双峰驼的驯化起源

家养双峰驼与人类关系密切,素有"沙漠之舟"的美誉(张小云和罗运兵,2014)。家养双峰驼的驯化开启了跨大陆贸易模式,通过著名的"古丝绸之路"极大地促进了欧亚大陆各地区之间的经济贸易和文化交流,是人类文明的一次大飞跃(Burger,2016;Lado et al.,2020)。骆驼在人类文明进程中发挥了重要作用,其驯化起源备受公众与学者关注(尤悦等,2014;张小云和罗运兵,2014;Almathen et al.,2016;Fitak et al.,2020;Lado et al.,2020;李冀和李永项,2023)。

人们普遍认为,旧大陆骆驼是在距今6000~3000a前被驯化的(Burger and Palmieri,2014)。最近,通过动物考古以及获取大量现代和古代单峰骆驼的线粒体DNA来揭示其最初驯化起源地,研究表明家养单峰骆驼很可能是在阿拉伯半岛东南沿海地区被首次驯化的(Almathen et al.,2016)。然而,迄今为止,家养双峰驼的最初驯化起源地仍是难以捉摸的(Chuluunbat et al.,2014;Ming et al.,2020)。中国家养双峰驼的驯化起源还存有争议,主要有两种观点:一种观点倾向于我国家养双峰驼是从中亚地区输入的(张小云和罗运兵,2014;Ming et al.,2020);另一种观点则认为我国家养双峰驼有可能是在本土驯化起源的(Peters and Von den Driesh,1997;韩建林,2000;Ji et al.,2009)。

4.1.1 考古学研究

有关双峰骆驼驯化的最早证据目前大多集中在伊朗东部、东北部以及相邻的土库曼斯坦西南部,一般认为家养双峰驼在距今4500a前在上述地区首先被驯化(Reitz and Wing,2008)。因此,有学者提出双峰骆驼最早应该是在中亚驯化的(张小云和罗运兵,2014;Yam and Khomeiri,2015)。但也有学者指出:上述地区缺乏早—中全新世家养双峰驼野生祖先存在的证据,双峰骆驼的驯化中心应该在更远的东方,包括中国西北部甘肃一带,即从蒙古高原到哈萨克斯坦中部的寒冷沙漠地带(Peters and Von den Driesh,1997;Ji et al.,2009)。

据统计,我国曾出土骆驼骨骼的考古遗址共有14处,包括内蒙古朱开沟燕家梁和闽宁村遗址、陕西省的平陵遗址、甘肃省火烧沟和悬泉置遗址以及新疆维吾尔自治区的三个桥、南口墓地、石人子沟、小西沟、交河故城、群巴克、圆沙古城、加勒克斯卡茵特山和亚依德梯木遗址(尤悦等,2014)。我国考古遗址中已知最早的全新世骆驼骨骼材料是来自内蒙古自治区距今

4000a的朱开沟燕家梁遗址。令人遗憾的是,从这个遗址中仅发现一颗骆驼上臼齿,但未确定其是否属于驯养的双峰驼(黄蕴平,1996)。在甘肃省玉门火烧沟遗址(距今3700a)中也发现有骆驼遗骨(傅罗文等,2009)。到目前为止,已知我国最早的家养骆驼化石材料出自新疆轮台县群巴克墓地,年代在公元前800年左右,可以确认最迟在西周晚期中国新疆北部地区已驯养有双峰驼(张小云和罗运兵,2014)。

综上,相比马、驴、牛、羊、猪等其他家养动物,学者对我国骆驼的考古学研究开展相对较少,有关家养双峰驼的早期史料记载相对也比较匮乏(张小云和罗运兵,2014)。遗址中出土的早期骆驼材料在形态学特征上常常难以判定其是否已经被驯养。另外,由于家养双峰驼与野生双峰驼在形态上很接近,一些形态学定性标准不能可靠地用于识别这两个种的骨骼材料,也就是说很难将野生双峰驼与家养双峰驼的野生祖先骨骼材料区分到种一级(Peters and Von den Driesh,1997)。另外,有关骆驼在我国的早期驯养历史(秦汉以前)相关文献史料较为匮乏。总之,以上这些都给考古学和古生物学研究带来很大阻碍,目前的考古证据不能提供清晰的线索来解开我国家养双峰驼的起源与演化历史。

4.1.2 遗传学研究

近年来,国内学者基于分子生物学技术对我国双峰骆驼开展了一系列研究工作来揭示其分子演化历史,但研究样品大多集中于现代骆驼样本(Cui et al.,2007;张成东,2014;Ming et al.,2020)。

4.1.2.1 现代骆驼样本的遗传学研究

首先,通过对现生野生双峰驼、家养双峰驼的线粒体DNA和核基因组的对比分析,厘清了野生双峰驼与家养双峰驼谱系演化关系。关于二者之间的演化关系,曾有两种不同的观点:一种观点认为,现存的野生双峰驼是由家养双峰驼野化而来,并不是真正的野生种,原始的野生双峰驼已经灭绝;另一种观点认为,野生双峰驼是家养双峰驼的祖先,并且是独立于家养双峰驼之外的一个种,家养双峰驼通过野生双峰驼驯化而来(Peters and Von den Driesh,1997;罗运兵,2013)。近年来,通过对现代野生双峰驼、家养双峰驼线粒体DNA和核基因组的分析表明:野生双峰驼和家养双峰驼的共同祖先在1.5~0.7Ma就已产生分化,远早于家养双峰驼的起始驯化时间,这说明两者不存在祖裔关系,野生双峰驼与家养双峰驼有各自独立的母系起源,即家养双峰驼不是野生双峰驼的驯化种,家养双峰驼的野生祖先很可能在人类注意到它之前就已经灭绝了(Ji et al.,2009;Silbermayr et al.,2009)。

韩建林(2000)对家养双峰驼和野生双峰驼线粒体基因组的研究发现,二者具有不同的线粒体DNA结构,它们之间的碱基差异度为1.9%。若前者是后者的直接祖先,在驯化后短短的5000a内,二者线粒体DNA不可能演化出如此大的差异。此外,该研究还推测现存的野生双峰驼可能是已灭绝巨类驼(*Titanotylopus*)的遗留分支,而家养双峰驼则极有可能是从已灭绝诺氏驼驯化而来。

Ji等(2009)基于线粒体DNA研究表明我国家养双峰驼具有单一的母系起源。张成东(2014)对我国家养双峰驼的Y染色体进行研究,探讨中国家养双峰驼父系起源问题,研究揭示 Y-SNP 引物和 Y 染色体上的基因均未检测到多态位点,表明中国家养双峰驼 Y 染色体基因多态性较低、遗传多样性单一,中国家养双峰驼可能为单父系起源。综上所述,基于我国家养双峰驼现代样本的线粒体 DNA 和 Y 染色体分析支持单一起源论观点,即我国不同品种家养双峰驼具有单母系起源(Ji et al.,2009;Ming et al.,2016)和单父系起源(张成东,2014)。

另外,对现代家养双峰驼样本的 DNA 分析表明不同地区家养双峰驼种群间没有明显的遗传分化,线粒体单倍型没有地域之分,大部分的单倍型都存在共享性(权洁霞等,2000;Ming et al.,2016)。历史上,家养双峰驼沿着"丝绸之路"沿线地区长距离迁徙,使得生活在不同地区的家养双峰驼之间存在基因流动,这可能弱化了其在演化过程中形成的谱系地理模式。Ming 等(2020)对亚洲多个地点 128 个现代骆驼样本进行全基因组测序,研究表明:在家养双峰驼分支中,来自伊朗的家养双峰驼样本处于该分支的根部且遗传多样性较高,研究者由此倾向于家养双峰驼最先在伊朗被驯化,随后这些家养双峰驼向东迁徙输入我国。但该研究同时也指出:在中亚地区(如伊朗)共存的家养单峰驼与家养双峰驼之间有基因流,并且两者之间实际的基因混合史在很大程度上是未知的,这一现状会削弱对家养双峰驼起源于中亚这一推断的支持。因此,该研究认为利用现代样本得到的研究结论不足以清晰地反映年代久远时期的真实情况,需要获取家养双峰驼的古 DNA 序列才能更准确地揭示其驯化历史。

4.1.2.2 古代家养双峰驼的遗传学研究

骆驼主要生存在炎热干旱的沙漠地区,而这种环境条件不利于古 DNA 的保存,从化石材料中获取其内源 DNA 仍存在较大困难(Mohandesan et al.,2017)。截至目前,世界上对古代家养双峰驼材料遗传信息的获取非常匮乏,公开报道的研究成果仅有 3 例(Trinks et al.,2012;尤悦等,2014;Chen et al.,2019)。

Trinks 等(2012)从乌兹别克斯坦和叙利亚收集的 12 个青铜时代晚期至铁器时代早期双峰骆驼遗骸中获取到部分线粒体 DNA 序列,分析表明这些样本都来自家养双峰驼,研究还发现这些古代样本的单倍型与现代家养双峰驼存在共享性,但与现生的野生双峰驼单倍型截然不同。青铜时期、铁器时期的古代样本和现代家养双峰驼线粒体单倍型的一致性表明双峰驼可能只经历了一次驯化事件,即家养双峰驼属于单母系起源。

尤悦等(2014)对我国新疆石人子沟铁器时代早期遗址出土的骆驼骨骼(图 4-1)进行放射性 ^{14}C 测年、碳氮稳定同位素、形态学分析以及古 DNA 提取和测序。放射性 ^{14}C 测年结果显示,这些随葬双峰驼的绝对年代为公元前 360 年至公元前 170 年,高台东坡②层的骆驼绝对年代为公元前 200 年至公元前 50 年。碳氮稳定同位素测试结果表明,随葬双峰驼 δ^{13}C 为 -16.8‰、δ^{15}N 为 9.99‰,高台东坡②层的骆驼 δ^{13}C 为 -18.48‰、δ^{15}N 为 9.95‰。这两峰骆驼的 δ^{13}C、δ^{15}N 数值与遗址其他家养动物(马、牛、羊等)相比偏高。从 δ^{13}C 上来看,骆驼的食物以 C_3 植物为主,同时包含少量 C_4 植物。推测这两峰骆驼可能经常活动于荒漠地带。另外,δ^{15}N 值也支持这一推论。盐碱化程度较高的干旱荒漠及半荒漠地带的土壤由于特殊的氮循环过程往往富集 ^{15}N,并将其传递给生长于此的植物(如骆驼刺等),因此栖息于该环境中的骆驼由于食物本身的原因而具有比绿洲地区食草动物较高的 δ^{15}N 值(尤悦等,2014)。

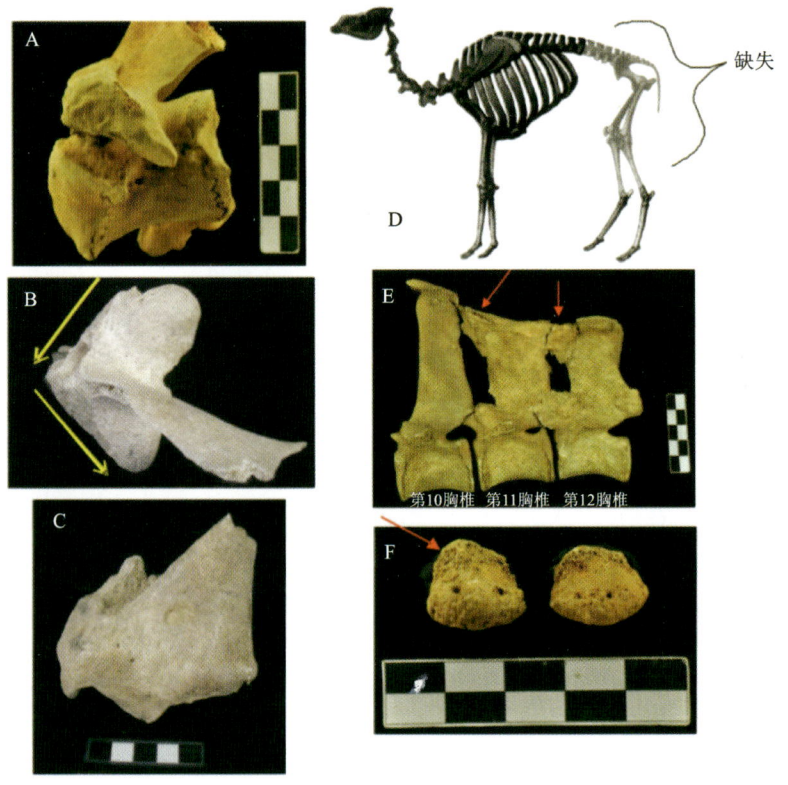

图 4-1　石人子沟遗址随葬骆驼材料(尤悦等,2014)

石人子沟遗址骆驼材料的形态学测量数值介于诺氏驼和家养双峰驼之间,但其测量数据远小于诺氏驼化石材料的测量值,更接近于现代家养双峰驼的尺寸(尤悦等,2014)。另外,尤悦等(2014)获取了该遗址两个骆驼样本的部分 12s RNA 序列片段,将其与家养双峰驼、野生双峰驼和单峰驼线粒体 DNA 的相应位置序列进行比对,结果显示随葬骆驼、高台东坡②骆驼样本与家养双峰驼的序列一致,也就是说,从母系上随葬骆驼与高台东坡②骆驼的这两例骆驼样本均属于家养双峰驼。需要指出的是,该研究仅获得古骆驼样本线粒体 DNA 少量短序列片段,其所蕴含的遗传信息无疑具有较大的局限性,仅限于能从分子水平证实所研究的样本是来自家养双峰驼,我国古骆驼的遗传组成在很大程度上仍是未知的。这两例骆驼样本详尽的分子演化历史,还需要从基因组层面进行分析。特别是为了解这些古骆驼是否为单峰驼与双峰驼的杂交,或家养与野生双峰驼的杂交,还需要从核基因组水平开展研究。

最近,笔者课题组(Chen et al.,2019)以及西北大学李冀和李永项(2023)对采自陕西省渭河流域高陵段的 1 个古骆驼标本(采集编号:14GL01;实验室编号:SLT1)进行了形态学及年代学研究,并获取了其完整线粒体基因组(序列长度:16 665bp;测序深度:22.98×)。Chen 等(2019)结合 NCBI 数据库中现生骆驼的同源序列,确定该骆驼个体的系统发育地位,从分子水平探讨古丝绸之路的开辟对骆驼的传播扩散、种群数量变化、种群间基因交流以及对现代骆驼遗传多样性等方面产生的影响,为解决其演化历程中尚未明确的关键科学问题提供更多分子生物学依据。李冀和李永项(2023)对该件标本开展了形态学描述,前臼齿和臼齿的齿冠分别由 2 个或 4 个明显的新月形主尖组成,齿褶简单,无附加的褶、棱、刺等存在(图 4-2)。该件标本无疑属于骆驼属(Camelus)材料,可与我国其他考古遗址中出土的古骆驼测量相比较。

图 4-2　陕西省高陵区双峰驼标本(李冀和李永项,2023)

该古骆驼样品被送至美国 Beta 实验室进行加速质谱(accelerator Mass Spectrometry, AMS)年代学测定(Beta 实验室编号为 Beta-407457),结果显示该样品的放射性^{14}C 测年结果为距今(1300 ± 30)a,校正年代为距今 1290～1180a,即公元 660—770 年(图 4-3),属于中国历史中唐朝(公元 618—907 年)时期的样品。该样品采集地点在西安北郊高陵渭河沙坑,即唐朝的都城长安附近(Chen et al.,2019;李冀和李永项,2023)。

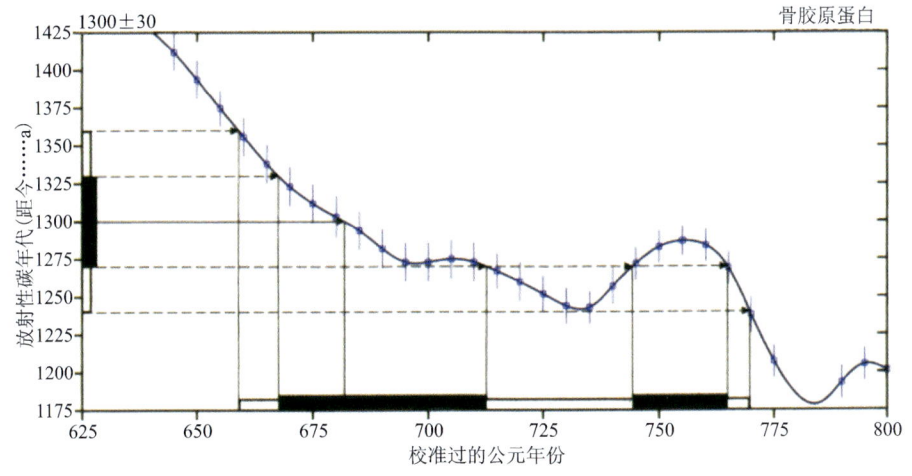

图 4-3　陕西省渭河流域高陵段家养双峰驼标本(SLT1)的放射性^{14}C 测年结果
(Chen et al.,2019;李冀和李永项,2023)

Chen 等(2019)首次获取到我国古代家养双峰驼完整线粒体基因组,基于骆驼科完整线粒体基因组运用 RAxML 软件中的"GTR+G"碱基替代模型、最大似然法构建了母系系统发育树(图 4-4)。研究显示美洲骆驼首先与欧亚及非洲大陆的骆驼产生分化,其次在欧亚及非洲大陆的骆驼分支中,家养单峰驼聚为一个独立的谱系,与两种现生双峰骆驼构成姊妹群。在双峰骆驼支系中,全部的家养双峰驼聚为一支,所有的野生双峰驼聚为另一支。在家养双峰驼分支中,可进一步分为 A1 和 A2 两个母系谱系,其中 A2 谱系包括陕西古代骆驼样品

(SLT-1)和两个蒙古国现代家养双峰驼样品(KU666462、KU666463),从分子水平证实该古骆驼标本(SLT-1)属于家养双峰驼;其余所有家养双峰驼样品构成了A1谱系(图4-4)。在系统发育树中,主要分支的自展支持率较高,说明了重建拓扑结构的可靠性。这与以前利用微卫星、$Cyt\ b$基因、完整线粒体基因组、核基因组等遗传标记进行系统发育分析得到的结果一致(高宏巍等,2009;程佳等,2009;Fital et al.,2020;Ming et al.,2020),表明野生双峰驼作为一个独立的支系,并非家养双峰驼的直接祖先,二者具有不同的母系起源。总体来看,来自不同地区的家养双峰驼样品在系统发育树上没有表现出明显的地理谱系,家养双峰驼样品的分支聚类也并非以地域性为依据,同一地区的样品分散在不同的小分支中,各个小分支又包含了多个地区的样品(图4-4)。

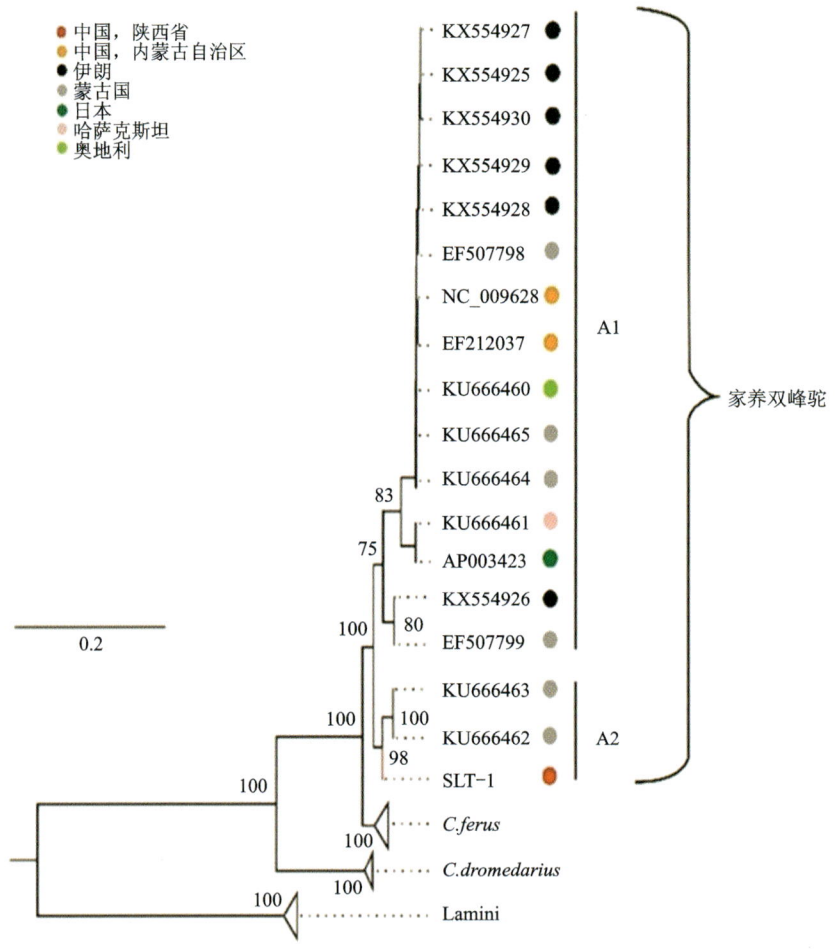

图4-4 基于唐代骆驼完整线粒体基因组及NCBI数据库中骆驼科同源序列构建的系统发育树(Chen et al.,2019)

注:SLT-1为陕西省高陵区出土的唐代家养双峰驼样本,A1、A2代表家养双峰驼两个线粒体遗传谱系;除家养双峰驼以外,其他骆驼科动物分支均用三角形代替以实现简化处理。

在进行分子钟分析时,Chen等(2019)对骆驼科不同谱系的分歧时间进行了估算。该研究以美洲驼(Lamini)和旧大陆骆驼(Camelimi)的分歧时间17.50Ma(Honey et al.,1998)以及现生单峰驼和双峰驼的分歧时间4.40Ma(Wu et al.,2014)作为校正基准,利用骆驼科动物的完整线粒体基因组,并采用BEAST软件中严格分子钟模型构建了带有时间尺度的系统发育树。所构建贝叶斯系统发育树(图4-5)与最大似然法系统发育树(图4-4)的拓扑结构基本一致。分子钟分析结果显示:美洲驼(Lamini)与旧大陆骆驼(Camelini)的分歧时间后验值为16.86Ma(95%置信区间:19.55~13.89Ma)与先验值17.50Ma接近,单峰驼和双峰驼的分歧时间后验值5.42Ma(95%置信区间:6.39~4.43Ma)与先验值4.40Ma也相差不大,说明了该研究的分子钟分析是较成功的(Chen et al.,2019;陈顺港,2020)。

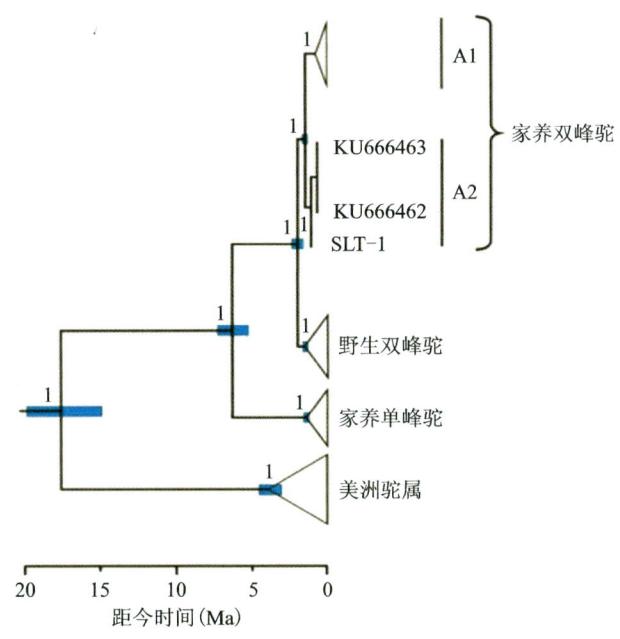

图4-5 基于唐代骆驼完整线粒体基因组及NCBI数据库中骆驼科同源序列运用贝叶斯法构建的带分子钟系统发育树(Chen et al.,2019)

注:节点数字表示后验概率。

Chen等(2019)估算家养双峰驼与野生双峰驼的分歧时间为1.09Ma(95%置信区间:1.32~0.85Ma),这一结果与韩建林(2000)估算的二者产生分歧的时间(0.95~0.84Ma)基本一致。表明早在早更新世时期,家养双峰驼与野生双峰驼就已经出现了基因分化,进一步证明了二者属于不同物种,家养双峰驼不是由野生双峰驼驯化而来,更不是野生双峰驼的祖先。此外,Chen等(2019)推算家养双峰驼A1和A2这两个母系谱系的分歧时间为0.165Ma(95%置信区间:0.222~0.117Ma),明显早于家养双峰驼的驯化时间。综上所述,Chen等(2019)的研究结果表明至少有两个母系谱系被整合到家养双峰驼的基因库中(图4-5、图4-6),家养双峰驼的驯化历史比以前学界认为的单一母系起源更为复杂。

Chen等(2019)进行单倍型分析时,结合所获得的SLT-1样品的线粒体Cyt b基因序列以及NCBI数据库中29个家养双峰驼的线粒体Cyt b基因序列,完成序列比对后共发现了20个变异位点,据此定义了16个Cyt b基因单倍型,分别命名为CH1~CH16。采用Network软件中的简约中介网络法绘制了如图4-6所示的单倍型中介网络图。

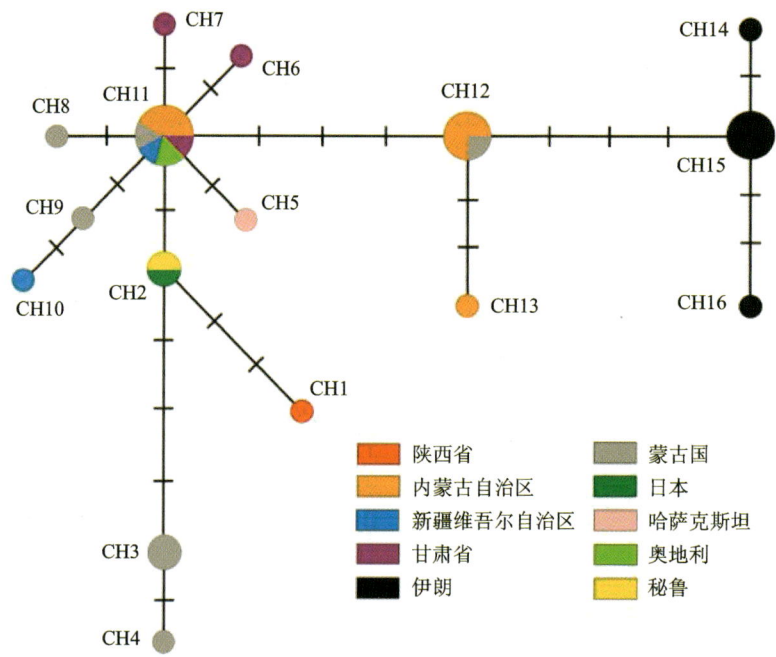

图 4-6　基于 $Cyt\ b$ 基因构建的家养双峰驼单倍型中介网络图(Chen et al.,2019)

注：图中不同颜色代表不同国家或地区的家养双峰驼样品,圆圈的大小与单倍型频率成正比,连接线的长度代表突变距离的远近。

从图 4-6 中可以看出：16 个 $Cyt\ b$ 基因单倍型中有 5 个为共享单倍型,其中 CH2 为 1 个日本样品和 1 个秘鲁样品所共享,CH3 为 2 个我国内蒙古样品所共享,CH12 为 3 个我国内蒙古样品和 1 个蒙古国样品所共享,CH15 为 4 个伊朗样品所共享,CH11 为 3 个我国内蒙古样品、1 个蒙古国样品、1 个我国新疆样品、1 个我国甘肃样品和 1 个奥地利样品所共享。其余 11 个单倍型均只包含单一样品,本研究中的陕西唐代样品 SLT-1 属于单倍型 CH1。总的来看,家养双峰驼 $Cyt\ b$ 基因单倍型共享性较明显,单倍型图没有显示出明显的地理谱系结构。

Chen 等(2019)关于家养双峰驼单倍型的分析结果与高宏巍等(2009)利用微卫星标记分析以及权洁霞等(2000)利用限制性片段长度多态性分析得到的结果一致,说明不同地区家养双峰驼种群间没有明显的遗传分化,其线粒体单倍型没有地域之分,大部分的单倍型都存在共享性。家养双峰驼是古丝绸之路上重要的交通工具,这使得古丝绸之路沿线地区家养双峰驼种群发生基因交流的机会大大增加；另外,不同地区之间进行的家养双峰驼引种也加大了种群间的基因流动,导致共享单倍型较多。同样,在单峰驼种群中也存在类似情况。Almathen 等(2016)结合古代和现代单峰驼样品的核基因微卫星数据与线粒体基因型信息进行分析,证明已灭绝的野生单峰驼对现生家养单峰驼种群的基因库有贡献,并且在现生家养单峰驼种群中观察到的谱系地理信号较少,表明家养单峰驼种群间也存在广泛的基因流动,从而淡化了其谱系地理结构。

Chen 等(2019)还对家养双峰驼种群数量动态变化进行了估算。利用该研究获得的陕西古代家养双峰驼(SLT-1)的线粒体基因组和 NCBI 数据库中家养双峰驼的同源序列,运用 BEAST 软件中"HKY"碱基替代模型进行了家养双峰驼种群数量动态变化的模拟。设置家养双峰驼碱基突变速率的先验值为每百万年 2% 的突变速率,马尔可夫链蒙特卡罗算法(markov chain monte carlo,MCMC)的链长设为 10^7,并将有 ^{14}C 测年结果的 SLT-1 当作未知年代的样品,以软件模拟的该样品年代值与其 ^{14}C 测年的结果是否一致作为本研究种群数量变化模拟结果可靠性的判定标准之一。BEAST 软件模拟的结果显示:各项分析的有效采样大小(ESS)值均大于 200;家养双峰驼的碱基突变速率先验值 2%/Ma 与模拟后验值 1.8%/Ma 基本一致;古代家养双峰驼样品 SLT-1 的模拟年代中值(距今 1330a)与 ^{14}C 测年结果(校正年代距今 1290~1180a)基本吻合。这些均说明该研究中家养双峰驼种群数量变化的模拟结果是可信的(陈顺港,2020)。通过重建贝叶斯天际线(BSP),得到家养双峰驼种群数量动态变化曲线如图 4-7 所示。

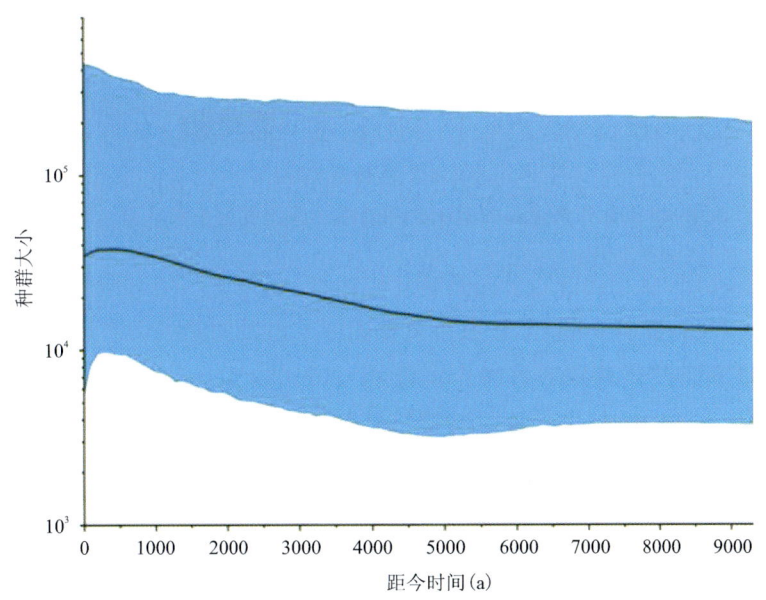

图 4-7 基于完整线粒体基因组估算家养双峰驼种群数量动态变化(Chen et al.,2019)
注:图中曲线,黑色线表示中值,蓝色区域为 95% 的置信区间。

从图 4-7 可以看出,家养双峰驼种群数量从距今约 5000a 开始呈现出缓慢增加趋势,与家养双峰驼的驯化事件发生的时间相对应,说明人类对家养双峰驼的驯化可能在一定程度上促进了其种群规模的增长。另外,在距今 500a 前后家养双峰驼的种群数量到达了平台期,随后出现了一定程度的下降趋势。究其原因,一方面,由于古丝绸之路的日渐衰弱和海上丝绸之路的兴起,尤其是工业革命以来社会的飞速发展,人们对家养双峰驼这一交通运输工具的依赖和需求大大减弱,役用功能的逐步丧失在很大程度上使得家养双峰驼种群数量逐年减少。另一方面,全新世时期生态环境和气候的快速变迁也是影响家养双峰驼种群数量变化的重要因素之一。据统计,2003 年全世界共有家养双峰驼约 200 万峰(Roginski et al.,2003),到 2014 年家养双峰驼总数已减少到只有 100 万峰左右(张成东,2014),短短 10a 间其种群数量减少了近一半。

应该注意到，目前不完整的考古记录、有限古代样本的分子遗传信息未能提供家养双峰驼驯化的关键信息，人们对我国家养双峰驼驯化历史的认识仍然比较模糊。今后，还需要开展进一步的研究工作，获取更多地点、不同年代、多个家养双峰驼样本的古基因组数据，分析早期遗址中古骆驼对现生家养双峰驼基因库的贡献，才能更加精细地勾勒出我国家养双峰驼的驯化、扩散历史。

4.2 诺氏驼分子演化历史研究

诺氏驼是一种已灭绝大型双峰骆驼，虽不及巨副驼高大，但相当粗壮（刘文晖等，2023）。1901 年，Alfred Nehring 深入研究了俄罗斯伏尔加河下游发现的残破诺氏驼头骨材料，该头骨断裂成吻部和颅腔两部分，早先的博物馆标签上分别记作 *Camelus sivalensis* C. F. 和 *Merycotherium sibiricum*。Nehring（1901）认为该标本代表与现生双峰骆驼关系较近的一种骆驼，遂命名为诺氏驼（*Camelus knoblochi* Nehring，1901）。

根据化石记录，诺氏驼生存的时代为中—晚更新世。在中更新世时期，诺氏驼主要生活在欧洲；中更新世末期，其地理分布中心向东迁徙；晚更新世时期，诺氏驼的栖息地主要包括从乌拉尔山到中国东北的广大地区，是"猛犸象-披毛犀动物群"成员之一（Titov，2008）。截至目前，公开报道的诺氏驼最晚记录是发现于蒙古国戈壁沙漠地区距今 2.65 万～1.9 万 a 的化石材料（Klementiev et al.，2022）。相对于现生骆驼，对骆驼属灭绝种诺氏驼开展的研究较为匮乏，对诺氏驼化石材料公开报道的研究成果也比较有限（Nehring，1901；Titov，2008；刘文晖等，2023；Yuan et al.，2024）。

4.2.1 形态学及年代学分析

根据形态学分析，已灭绝诺氏驼与现生骆驼的谱系演化关系尚不清晰。国内学者曾推测现生野生双峰驼可能是副驼属（*Paracamelus*）中已灭绝巨副驼（*Paracamelus gigas*）的一个遗留分支，家养双峰驼则是由骆驼属中已灭绝诺氏驼驯化而来（韩建林，2000；何晓红，2011）。而 Rowan 等（2018）认为已灭绝诺氏驼很有可能是两种现生双峰骆驼的共同祖先。Geraads 等（2020）采用形态学数据构建的系统发育树显示：相比于现生双峰骆驼，诺氏驼与家养单峰驼的分歧时间相对较晚（图 4-8）。刘文晖等（2023）指出对诺氏驼相关认知有待后续系统发育分析的进一步检验。综上所述，尽管骆驼属动物的谱系演化关系暂无定论，学界基本认同灭绝种诺氏驼与现生骆驼关系密切。

最近，Yuan 等（2024）对采自黑龙江省松花江哈尔滨江段、松嫩平原中部的肇东市和青冈县的 7 件骆驼化石材料进行研究，样品具体信息见表 4-1。这 7 件骆驼化石材料送美国 Beta 实验室进行放射性 ^{14}C 年代学测定，具体测试结果见表 4-2。

第 4 章 骆驼科动物古基因组研究

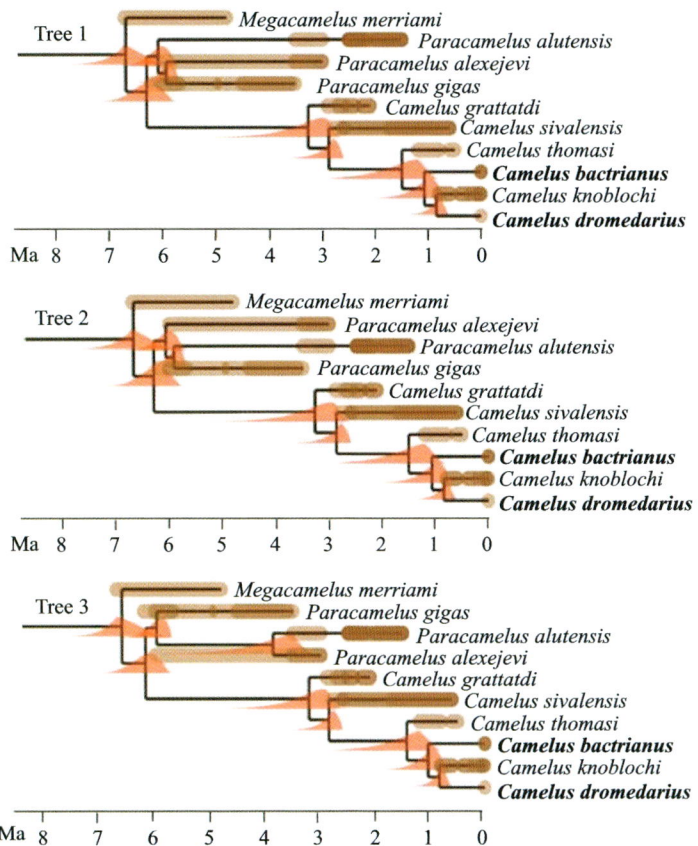

图 4-8 基于形态学数据构建的骆驼科时间校准等距树(Geraads et al.,2020)

注:*Camelus bactrianus* 为现生家养双峰驼,*Camelus dromedarius* 为现生家养单峰驼,*Camelus knoblochi* 为灭绝诺氏驼。

表 4-1 中国东北 7 件骆驼化石标本的馆藏及采集地点信息(Yuan et al.,2024)

实验室编号	馆藏名称及编号	骨骼类型	采样地点
CADG387	肇源博物馆 ZYB:3145	第四颈椎	黑龙江省青冈
CADG388	肇源博物馆 ZYB:3144	跖骨	黑龙江省青冈
CADG389	肇源博物馆 ZYB:3147	股骨	黑龙江省哈尔滨
CADG529	大庆博物馆 H35364	下颌骨	黑龙江省青冈
CADG533	大庆博物馆 H33979	桡尺骨	黑龙江省肇东
CADG596	肇源博物馆 ZYB:3146	桡尺骨	黑龙江省青冈
CADG665	中国地质大学逸夫博物馆 YFMUG0221-01	跖骨	黑龙江省青冈

表 4-2 中国东北 7 件骆驼化石标本的年代学测定（Yuan et al.，2024）

实验室编号	测年实验室编号	放射性^{14}C 测年（距今，a）	校正年代（距今，a）
CADG387	Beta-543610	25 580±100	95.4%（30 100～29 400）
CADG388	Beta-539398	33 940±230	95.4%（39 000～37 800）
CADG389	Beta-543611	39 220±400	95.4%（43 700～42 400）
CADG529*	Beta-549493	>43 500	—
CADG533	Beta-549494	38 830±440	95.4%（43 400～42 100）
CADG596**	Beta-561363	>43 500	—
CADG665	Beta-549496	40 480±430	95.4%（44 800～43 200）

注：*表示分子钟估算年代中值为距今 65 500a，95% 置信区间为距今 101 400～43 500a；**表示分子钟估算年代中值为距今 78 600a，95% 置信区间为距今 144 000～43 500a。

此外，该项研究成果合作者中国国家博物馆刘文晖博士对这批古骆驼材料（图 4-9～图 4-13）进行了形态学鉴定，具体测量数据参见 Yuan 等（2024）附加材料，研究认为这 7 件标本均落在诺氏驼的形态学尺寸变化范围内。

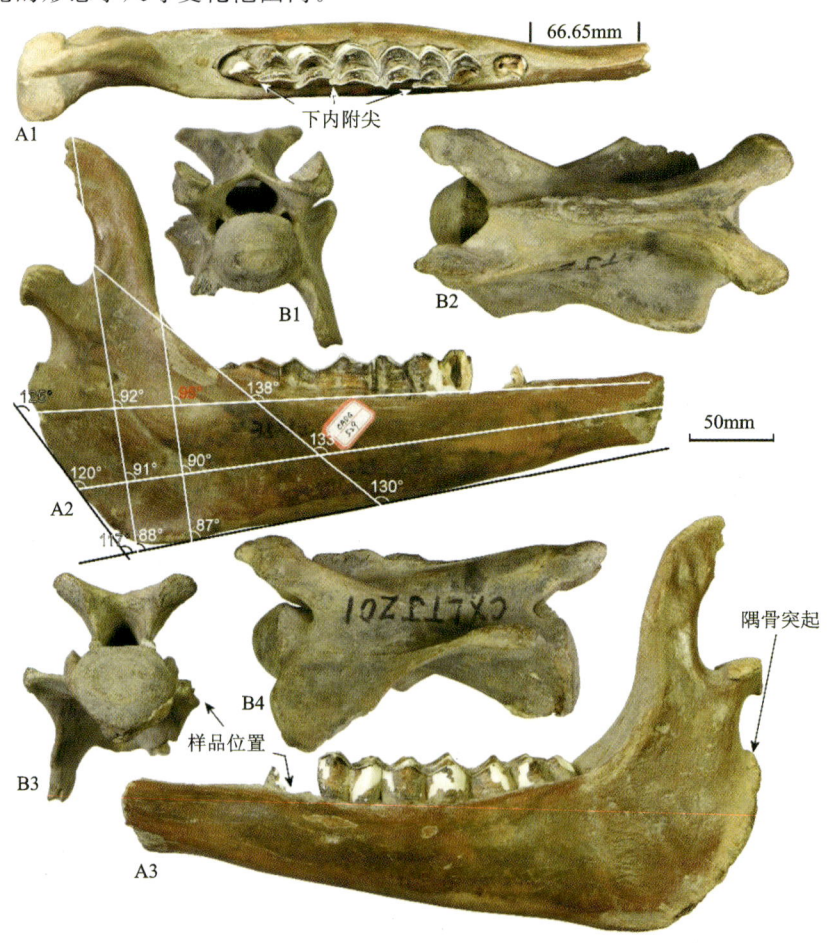

图 4-9 诺氏驼标本 CADG387 及 CADG529 不同视角图（Yuan et al.，2021，2024）

第 4 章　骆驼科动物古基因组研究

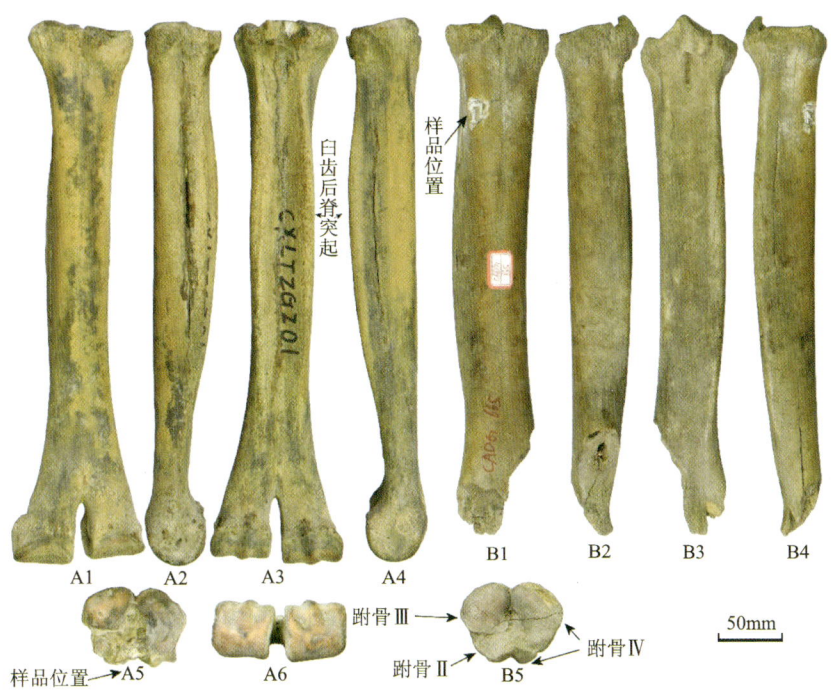

图 4-10　诺氏驼标本 CADG388 及 CADG665 不同视角图（Yuan et al.，2021，2024）

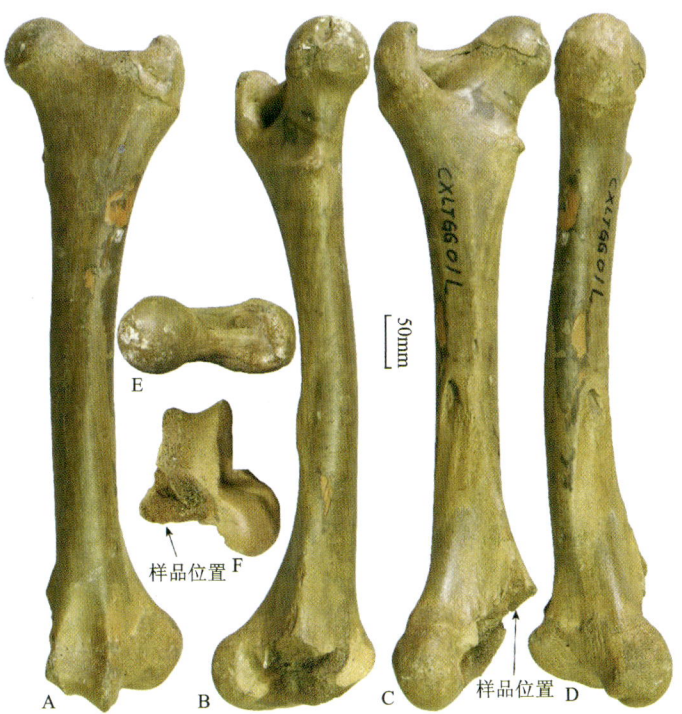

图 4-11　诺氏驼标本 CADG389 不同视角图（Yuan et al.，2021，2024）

· 83 ·

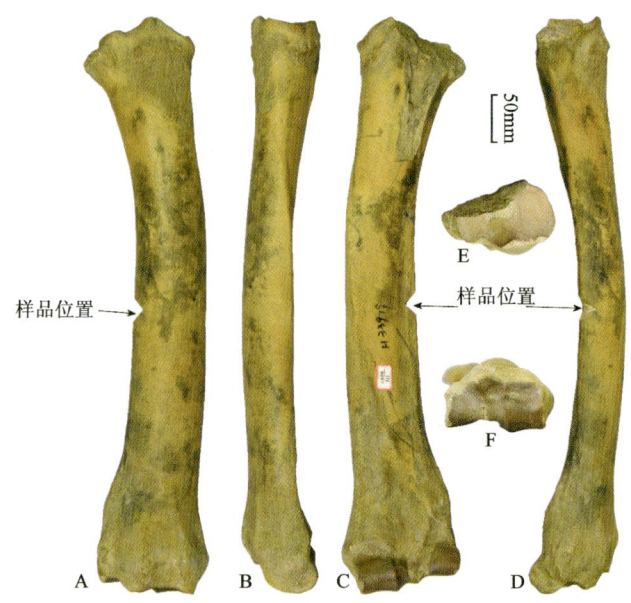

图 4-12　诺氏驼标本 CADG533 不同视角图（Yuan et al.，2021，2024）

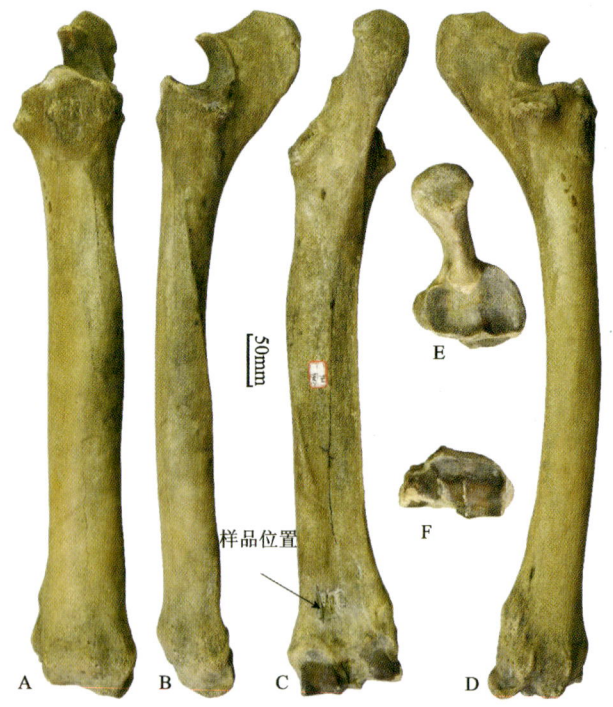

图 4-13　诺氏驼标本 CADG596 不同视角图（Yuan et al.，2021，2024）

4.2.2 古基因组研究

遗传学数据提供了一种强有力的手段来重建生物的分子演化历史。目前对骆驼属动物开展的遗传学研究大多集中于现生种(即家养双峰驼、野生双峰驼和家养单峰驼),为揭示现生骆驼的谱系演化关系、驯化扩散、基因交流、环境适应性等演化问题作出了重要贡献(权洁霞等,2000;Cui et al.,2007;Ji et al.,2009;Silbermayr et al.,2009;Wu et al.,2014;尤悦等,2014;Almathen et al.,2016;Chen et al.,2019;Ming et al.,2020)。现有研究证实灭绝种的遗传学数据对系统认识现生近缘物种的演化历史具有非常重要的作用(Tricou et al.,2022;Ciucani et al.,2023)。然而,截至目前对已灭绝诺氏驼材料开展的古基因组研究仅见笔者课题组的一份公开研究成果(Yuan et al.,2024)。

4.2.2.1 古基因组获取情况

2024年,笔者课题组从采自我国东北地区7个晚更新世诺氏驼样品(表4-1)开展古基因组研究,从中提取到完整线粒体基因组及部分核DNA序列(表4-3)。

表4-3 诺氏驼材料已获取古基因组情况(Yuan et al.,2024)

样品编号	线粒体基因组			核基因组		性别
	序列长度(bp)	测序深度(×)	GenBank收录号	内源性DNA含量(%)	测序深度(×)	
CADG387	16 549	8.8	MZ430515	0.828	0.025	雌性
CADG388	16 245	8.5	MZ430516	0.632	0.037	雄性
CADG389	14 699	6.5	MZ430517	0.067	0.003	雌性
CADG529	16 611	14.3	MZ430518	0.141	0.004	雌性
CADG533	16 590	15.6	MZ430519	3.91	0.188	雄性
CADG596	16 433	17.1	MZ430520	0.649	0.037	雌性
CADG665	15 949	7.5	MZ430521	0.511	0.027	雄性

注:线粒体基因组参比序列为EF212038(GenBank收录号);核基因组参比序列为GCF_009834535.1。

从表4-3中可以看出,所分析的7个诺氏驼个体,3个为雄性,4个为雌性,说明该研究基于形态学测量数据进行的种类鉴别不存在个体性别偏差(Yuan et al.,2024)。所研究7个诺氏驼样品的内源性DNA含量总体偏低(0.067%~3.91%),均获取了较完整线粒体基因组,但核基因组测序深度相对较低,仅为0.003×~0.188×。

4.2.2.2 古DNA碱基损伤模式及序列长度

Yuan等(2021)对所获取诺氏驼原始测序片段末端碱基损伤模式、序列片段长度进行分析,研究结果均显示出古DNA分子的特征(图4-14、图4-15)。

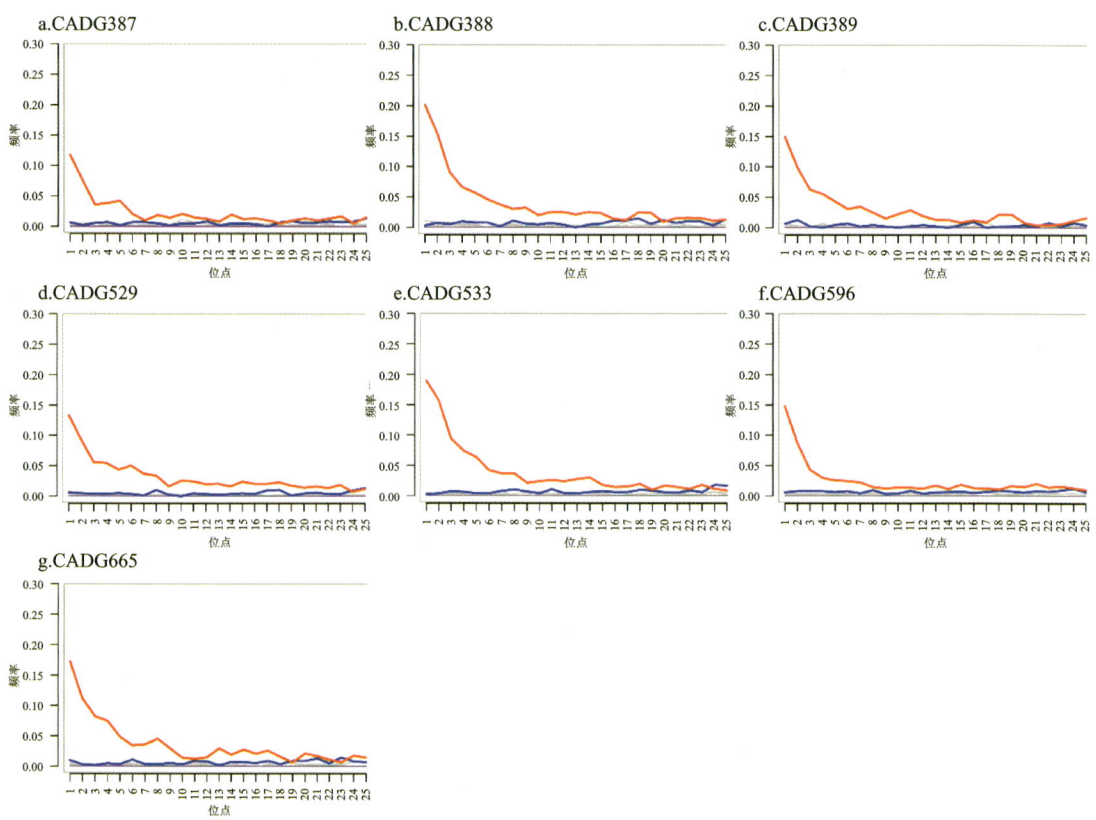

图 4-14 中国东北晚更新世诺氏驼样品线粒体 DNA 片段 5′端 C→T 碱基损伤模式分析（Yuan et al.,2021）

由图 4-14 可以看出,所研究样品在 DNA 分子链的 5′端存在较高频率的 C→T,展现出古代 DNA 特有的碱基损伤模式。

另外,对诺氏驼样品的内源性 DNA 片段的序列长度进行统计（图 4-15）,结果显示序列片段长度大多集中分布在 30～110bp 之间,表明样品中内源性 DNA 分子呈现出片段化倾向,同样符合古代 DNA 分子高度降解的特点（Pääbo,1989）。中国东北晚更新世诺氏驼样品获取线粒体基因组不同位点覆盖深度情况见图 4-16。

4.2.2.3 分子系统发育分析

基于所获取的诺氏驼完整线粒体基因组,并结合 GenBank 数据库中骆驼科动物的同源序列,采用贝叶斯方法构建带分子钟系统发育树（图 4-17b）。系统发育树各分支节点下方的数值代表该支系的自展支持率,自展支持率的高低反映了分支的稳定程度和可信程度,除诺氏驼以外其他物种个体分支均用三角形代替以实现简化处理,不同颜色的圆圈代表不同种类的样品。另外,利用诺氏驼部分核基因组及现生骆驼的同源序列进行了主成分分析（principal component analysis,PCA）,如图 4-17a 所示。

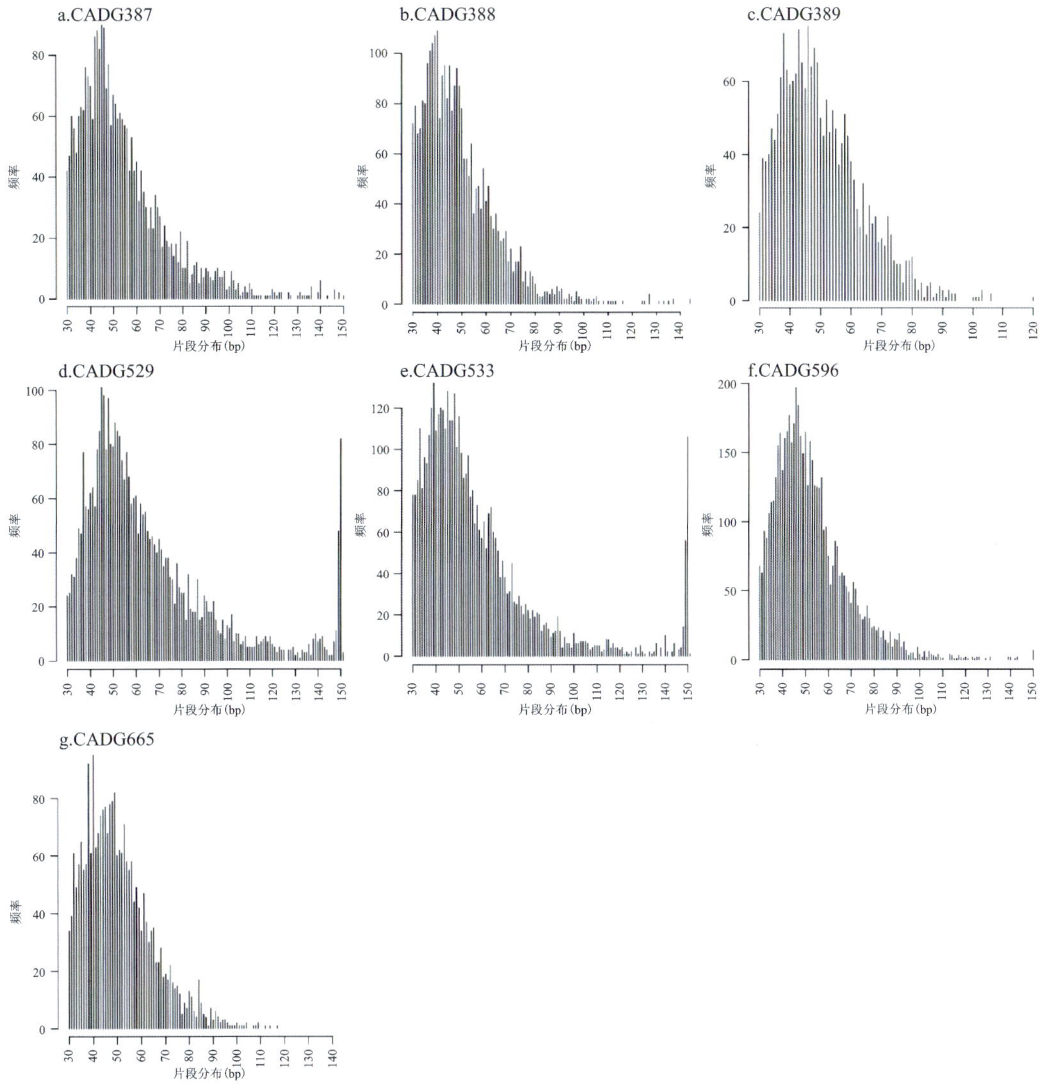

图 4-15 中国东北晚更新世诺氏驼样品内源性 DNA 片段长度分布情况（Yuan et al.，2021）

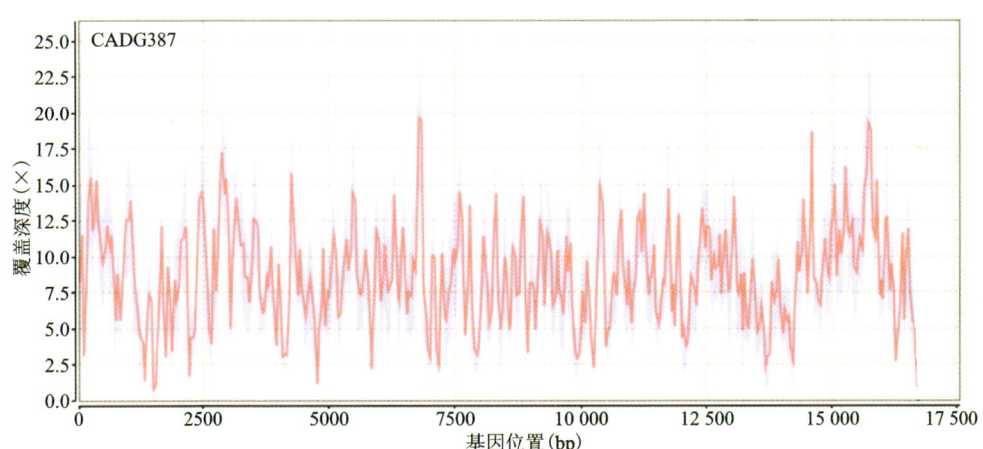

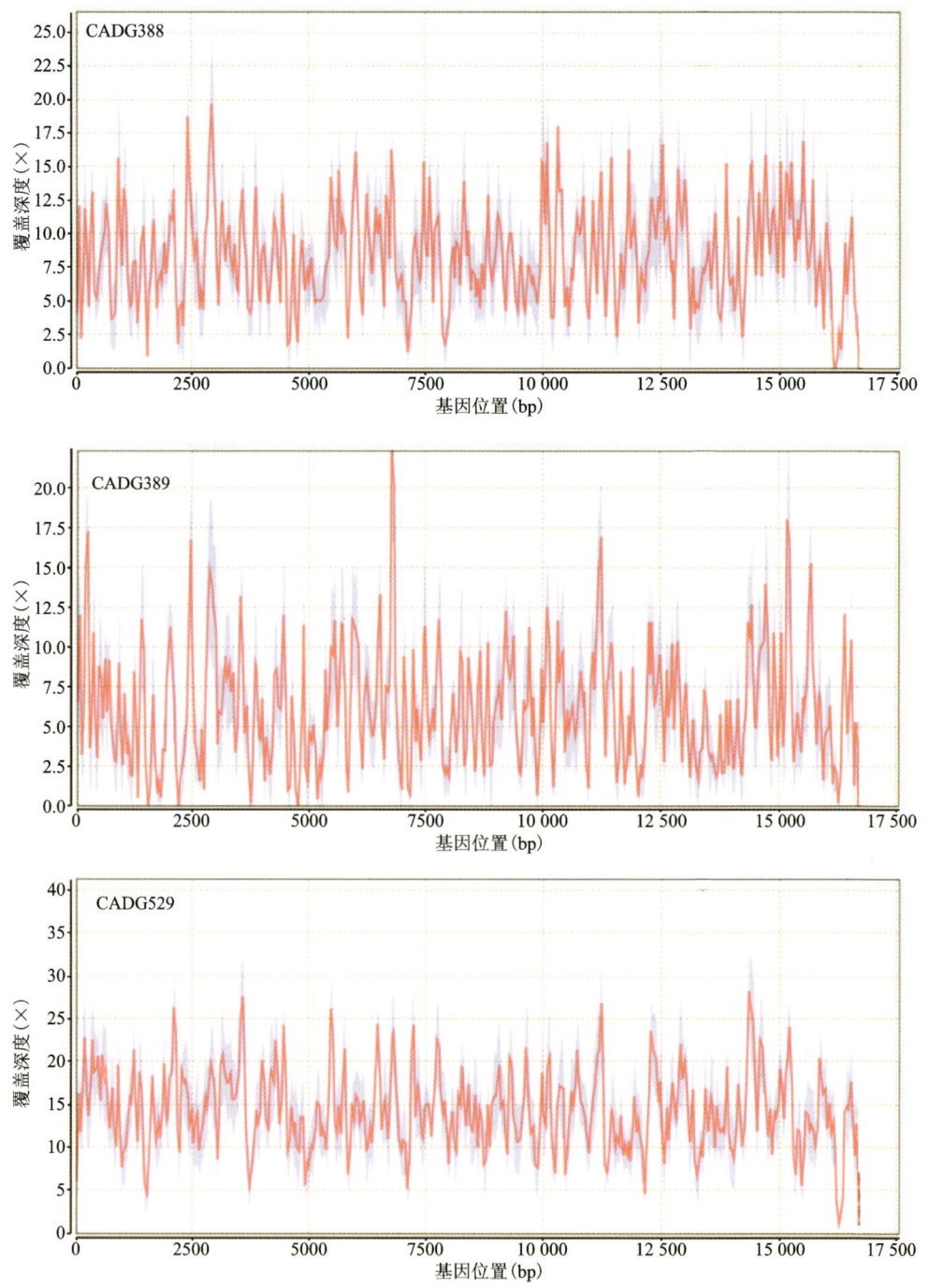

第 4 章 骆驼科动物古基因组研究

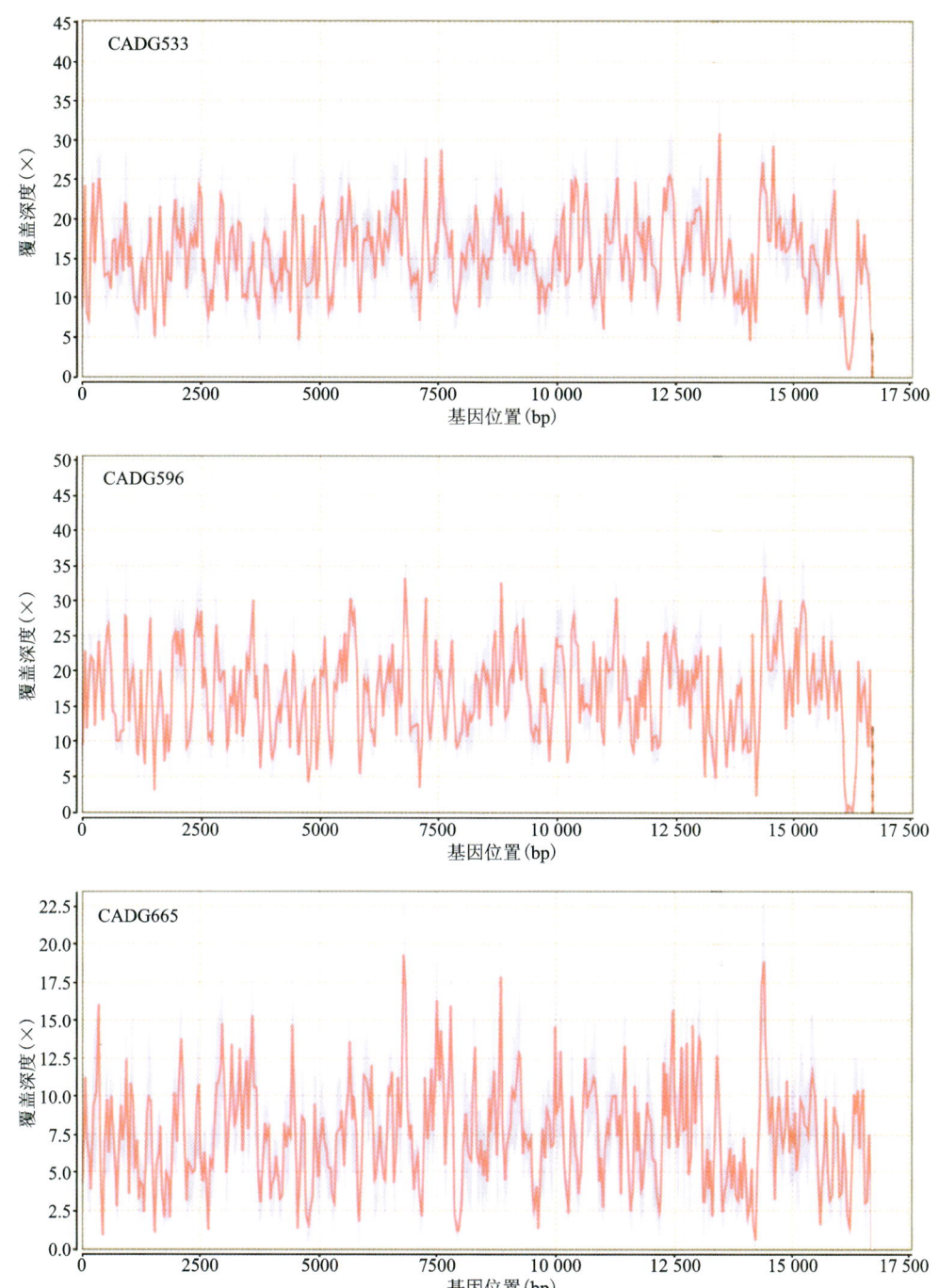

图 4-16 中国东北晚更新世诺氏驼样品获取线粒体基因组不同位点覆盖深度情况（Yuan et al., 2021）

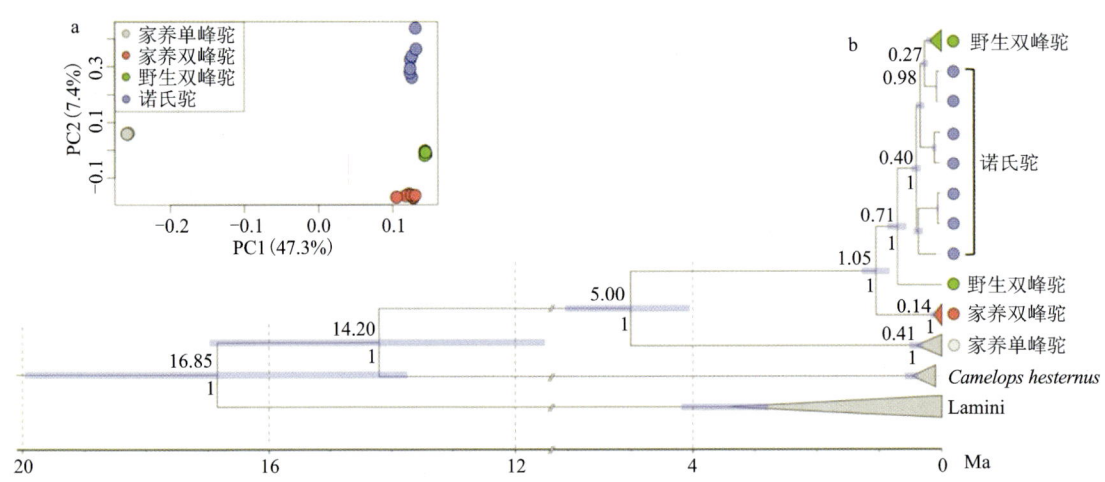

图 4-17 诺氏驼部分核 DNA 及现生骆驼的遗传学数据主成分分析(a)及
利用骆驼科动物线粒体基因组构建贝叶斯系统发育树(b)(Yuan et al.,2024)

注:节点上方数字代表分歧时间,节点下方数字代表后验概率。

基于线粒体基因组构建的系统发育树(图 4-17b)与前述研究(Chen et al.,2019;Fitak et al.,2020)构建的系统发育树拓扑结构一致,即美洲骆驼首先与欧亚及非洲大陆的骆驼产生分歧,在欧亚及非洲大陆的骆驼分支中,家养单峰驼聚为一个独立的谱系,与两种现生双峰骆驼构成姊妹群。在双峰骆驼支系中,家养双峰驼聚为一个独立谱系,野生双峰驼聚为另一个支系。主要分支的自展支持率较高,说明构树结果具有较高的可靠性。然而,灭绝种诺氏驼未形成单系,而是落在野生双峰驼分支内(图 4-17b)。在核 DNA 层面进行的主成分分析表明:诺氏驼与野生双峰驼在 PC2 轴上可明显区分开来,支持所研究的 7 个诺氏驼个体属于同一个独立谱系。

诺氏驼与野生双峰驼这种线粒体-核 DNA 聚类结果的不一致性在其他哺乳动物[如古菱齿象(*Palaeoloxodon antiquus*)、斑鬣狗(*Crocuta crocuta*)]的古 DNA 研究中也曾被发现,这种现象可能是由种间存在基因流动或线粒体层面不完全谱系分选造成的(Palkopoulou et al.,2018;Westbury et al.,2020)。现有遗传学数据表明:在骆驼属动物的演化史上不同种间曾存在广泛的基因流动(Silbermayr et al.,2009;Ming et al.,2020),推测可能是由于诺氏驼与现生家养双峰驼、野生双峰驼的祖先共存时,不同物种间广泛存在的基因流动模糊了三者之间的谱系演化关系信号(Yuan et al.,2024)。

4.2.2.4 诺氏驼与现生双峰骆驼种间基因流动

为了更好地揭示已灭绝诺氏驼与两种现生双峰骆驼物种之间的演化关系,笔者课题组使用 D-统计来检验三者之间的谱系演化关系和不同种间在历史时期可能存在的基因流动(Yuan et al.,2024)。然而,由于这些分析可能会受到不同数据质量、作图方法和参考基因组选择的影响,笔者首先探讨了所采用数据集的可靠性(图 4-18)。使用 BWA(burrows-wheeler-alignment tool)序列比对软件将数据集映射到野生双峰驼参考基因组(GCF_009834535.1),当古代诺氏驼个体处于 H2 位置时,没有发现任何偏差(图 4-18d、e)。因此,在分析拓扑结构

[(家养双峰驼,诺氏驼),野生双峰驼)和[(野生双峰驼,诺氏驼),家养双峰驼]的 D-统计结果时,笔者只考虑用 BWA 序列比对软件映射到野生双峰驼参考基因组的结果。

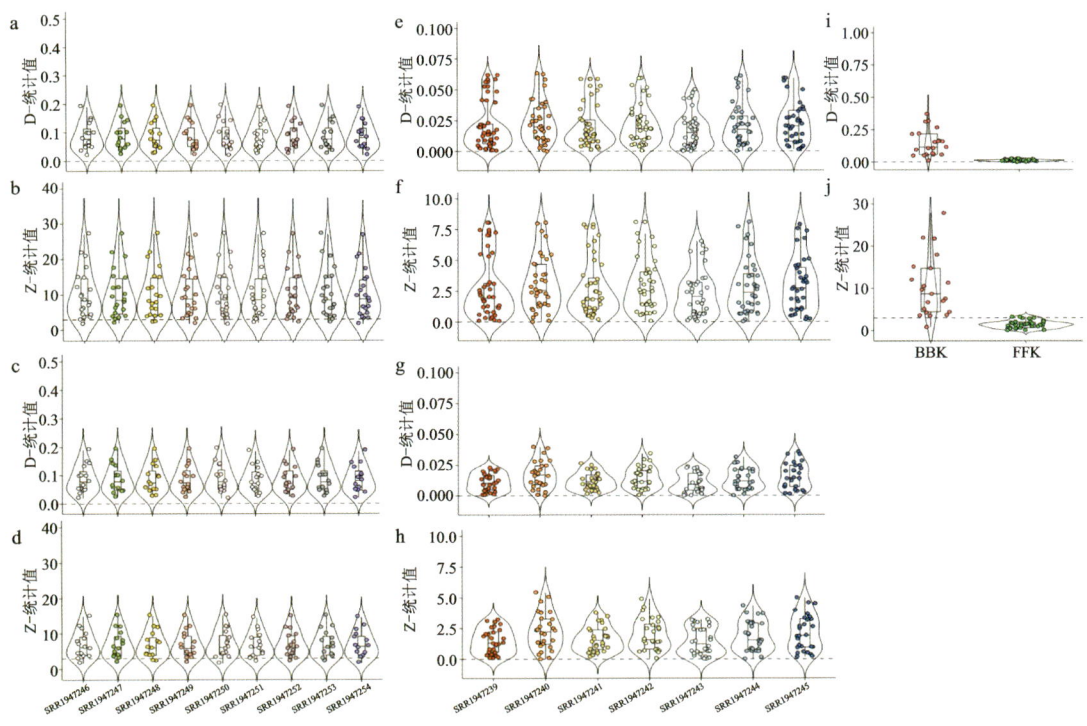

图 4-18 基于骆驼属动物不同数据集、拓扑结构 D-统计分析结果(Yuan et al., 2024)

在验证了所采用研究方法的可靠性后,笔者课题组(Yuan et al., 2024)测试了 3 种双峰骆驼(即诺氏驼、家养双峰驼和野生双峰驼)所有可能的拓扑结构(图 4-19)。拓扑结构[(家养双峰驼,诺氏驼),野生双峰驼]和[(家养双峰驼,野生双峰驼),诺氏驼]的 D-统计值均为正值,表明野生双峰驼与诺氏驼之间的关系或基因流比家养双峰驼更为密切(图 4-19b、c)。然而,笔者还获取到拓扑结构[(野生双峰驼,诺氏驼),家养双峰驼]的负 D-统计值,这表明野生双峰驼和家养双峰驼之间的关系或基因流更密切(图 4-19a)。由于所有分析都输出了显著且数值相似的 D-统计值,说明不同拓扑结构的支持频率相差不大。尽管很难从这些分析结果中确定 3 个物种演化的分叉树,但研究结果确实支持三者之间存在广泛的种间基因流动。

为了量化现生双峰骆驼不同个体之间的基因流,笔者(Yuan et al., 2024)进一步分析了拓扑结构[(家养双峰驼,家养双峰驼),野生双峰驼]和[(野生双峰驼,野生双峰驼),家养双峰驼]。前一种拓扑结构,在大多数比较中发现了差异性基因流的证据,可能是由于 1 个家养双峰驼个体(SRR1947245)的混合程度低于其他个体(图 4-18)。在后一种拓扑结构中,笔者观察到除 SRR1947252 个体外,不同野生双峰驼个体的统计结果大多不显著(|Z|<3),而野生双峰驼 SRR1947222 显示了较高 D-统计值,表明与其他野生双峰驼个体相比,该个体与家养双峰驼的混合程度最高(图 4-18e~h)。这一研究结果与之前研究表明的家养双峰驼与野生双峰驼之间普遍存在的杂交现象一致(Felkel et al., 2019;Ming et al., 2020)。

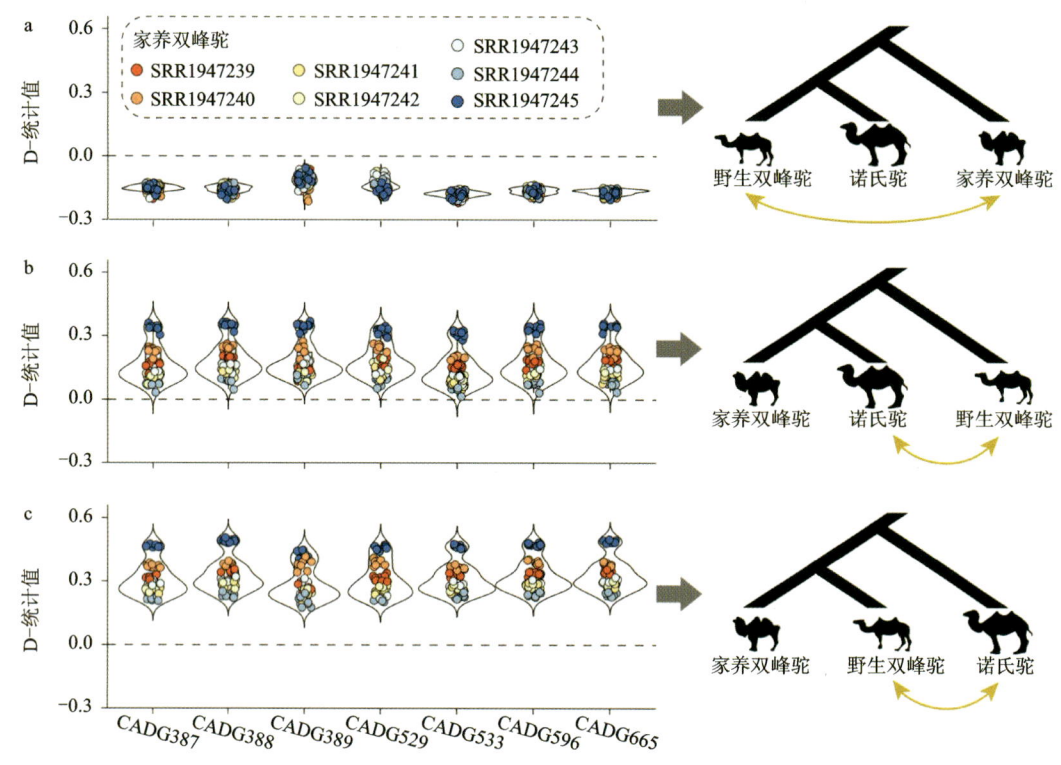

图 4-19 诺氏驼与家养、野生双峰驼不同拓扑结构 D-统计结果（Yuan et al.，2024）

对拓扑结构［（家养双峰驼，家养双峰驼），诺氏驼］的进一步分析显示，诺氏驼与不同家养双峰驼个体祖先之间存在显著水平的差异基因流（图 4-18i、j）。值得注意的是，家养双峰驼大约在 4500a 前被驯化，而笔者数据集中最年轻的诺氏驼是距今约 3 万 a。这里观察到的差异性基因流被解释为诺氏驼仅与一些而非全部现代家养双峰驼野生祖先之间发生过杂交，这也表明家养双峰驼可能不是从单一种群驯化而来的，这与 Chen 等（2019）的研究结论一致。

笔者还对拓扑结构［（野生双峰驼，野生双峰驼），诺氏驼］进行分析，没有观察到任何明显的基因流动迹象（图 4-18i、j）。然而，这一结果并不一定表明野生双峰驼与诺氏驼种间缺乏基因流动。相反，这可能是由野生双峰驼目前的抽样代表性不足造成的。目前，该数据集仅包括来自蒙古单一种群的个体，可能并未很好地反映其全球多样性。根据化石记录，在更新世晚期诺氏驼与野生双峰驼栖息地在北亚地区有重叠（Titov，2008），为两者种间的基因流动提供了充足的机会。

4.2.2.5 滑窗系统发育树

D-统计结果表明，诺氏驼与家养双峰驼、野生双峰驼之间不能用简单的分叉树作为其演化关系模式，3 种双峰骆驼的进化路径应呈网状结构。因此，笔者进一步使用伪单倍体碱基调用文件来生成滑动窗口系统发育树（图 4-20）。

当包括所有个体的完整数据集时，最常见的拓扑结构是［（家养双峰驼，野生双峰驼），诺氏驼］支持频率约占 38%，第二常见的拓扑结构是［（诺氏驼，野生双峰驼），家养双峰驼］支持频率

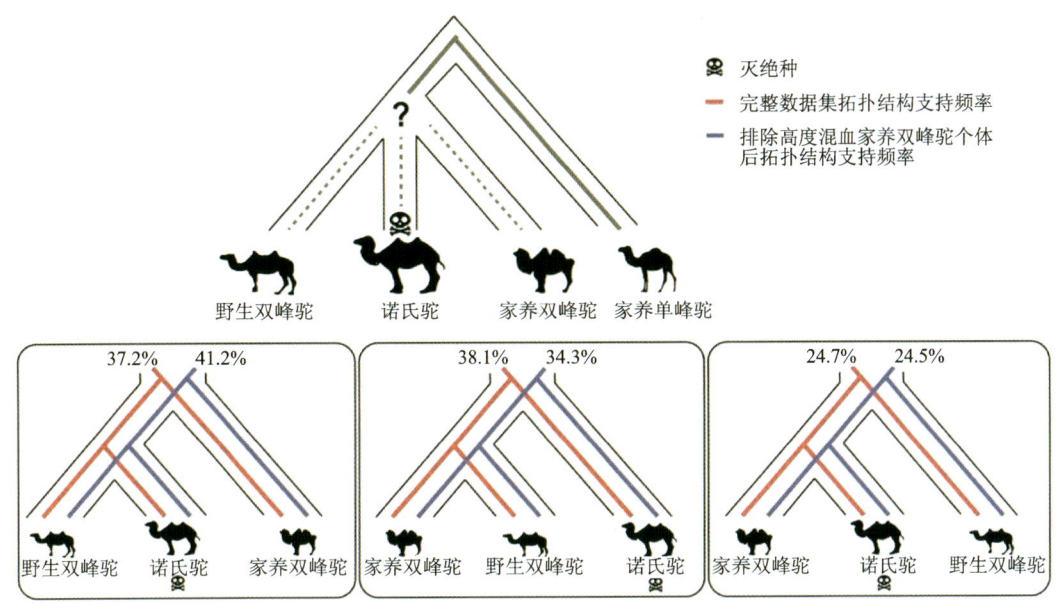

图 4-20 滑窗系统发育分析构建已灭绝诺氏驼与现生双峰骆驼之间的谱系演化关系(Yuan et al.,2024)

约为 37%。无论使用何种参考基因组序列或序列比对软件,这一结果都保持不变(图 4-20)。通过使用来自哈萨克斯坦的混合最少的家养双峰驼个体(SRR1947245)重新进行分析,笔者获得了不同拓扑结构支持频率之间的更多差异。[(诺氏驼,野生双峰驼),家养双峰驼]的拓扑结构支持频率最高(约为 41%),拓扑结构[(家养双峰驼,野生双峰驼),诺氏驼]的支持频率约为 34%,而最后一种拓扑结构[(家养双峰驼,诺氏驼),野生双峰驼]在两种分析中都是最不常见的(Yuan et al.,2024)。

综上所述,基于诺氏驼古基因组初步研究结果认识到骆驼属动物的演化史比学界已知的更为复杂,3 种双峰骆驼提供了研究种间复杂演化关系的典型模型。然而,受到现有诺氏驼全基因组数据覆盖度较低的限制,无法开展更进一步的分析,亟须获取其高质量全基因组,并结合公共数据库中现生骆驼的高质量遗传学数据,弄清灭绝种诺氏驼与现生双峰骆驼的祖先在共存时基因流动的方向和程度,在厘清三者互动历史的基础上探明双峰骆驼种间确切的谱系演化关系。可见,在今后的研究中获取灭绝种诺氏驼的高质量全基因组,不仅使揭示诺氏驼详尽的分子演化历史成为可能,同时也可帮助绘制现生双峰骆驼的高分辨率演化图谱。

4.2.2.6 诺氏驼遗传多样性

笔者在对比分析已灭绝诺氏驼和现生骆驼的核苷酸多样性时,发现灭绝种诺氏驼的核苷酸多样性平均值低于现生野生双峰驼和家养双峰驼(图 4-21a)(Yuan et al.,2024)。另外,笔者所分析的 7 个诺氏驼个体与现生骆驼相比而言,其遗传多样性分布更为广泛。这种更广泛的遗传多样性分布也可能是由所获取的诺氏驼核基因组数据覆盖率较低引起的。为排除这一可能性,笔者对每个物种使用两个随机抽样的个体进行分析,发现平均核苷酸多样性水平相当一致(图 4-21b)。据此,笔者相信诺氏驼遗传多样性分布更广泛的结果不是诺氏驼核基因组数据覆盖率较低造成的。

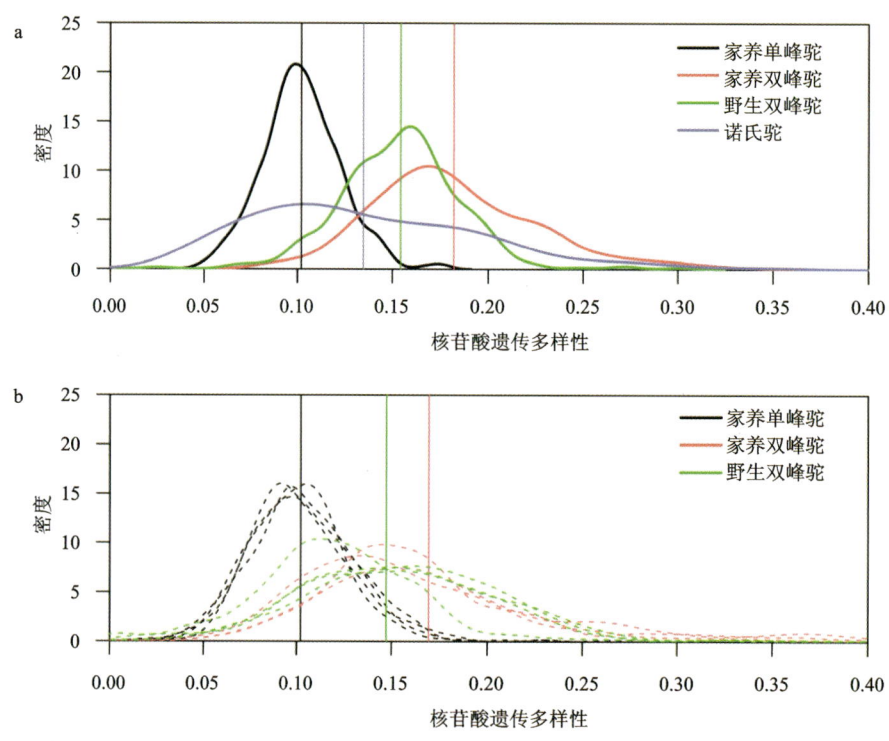

图 4-21　已灭绝诺氏驼与现生骆驼核苷酸遗传多样性比较（Yuan et al.，2024）

近年来，由于地理隔离和种群规模较小，野生双峰驼的遗传多样性严重丧失（Xue et al.，2015；Burger et al.，2019）。然而，Yuan 等（2024）的研究发现灭绝种诺氏驼的核苷酸多样性更低，这很可能反映了在 MIS3 阶段诺氏驼的种群规模曾发生了一定程度的收缩，种群数量总体较小。这一假设与我国北方地区出土的晚更新世化石材料现状相吻合。与"猛犸象-披毛犀动物群"典型成员如真猛犸象、披毛犀和草原野牛（*Bison priscus*）等已发掘丰富遗存材料相比，已发现的诺氏驼化石材料要少得多（周本雄，1978；同号文等，2013；陈军等，2016）。因此，尽管诺氏驼的最晚记录在末次盛冰期（距今 2.65 万～1.9 万 a）（Klementiev et al.，2022），但其灭绝过程似乎开始得更早。

4.2.3　氮碳稳定同位素分析

为了揭示导致诺氏驼在晚更新世末灭绝的潜在因素，笔者获取了我国东北地区 7 个诺氏驼样本的碳（$\delta^{13}C$）、氮（$\delta^{15}N$）稳定同位素数据（表 4-4）（Yuan et al.，2024），来推断诺氏驼在灭绝前所处的生存环境及饮食习性。具体来说，动物骨骼的 $\delta^{15}N$ 值通常与其营养水平和所处的环境因素有关。笔者假设诺氏驼的营养水平没有变化，有两个可能的环境因素可以解释观察到的氮同位素变化。首先，样品 $\delta^{15}N$ 值的变化可能是因为样品来自不同地区植物区系。又或者，如果样本来自一个位置或相邻位置，没有明显的环境差异，则 $\delta^{15}N$ 值的变化可能与气候变化有关。笔者所研究的 7 个诺氏驼样本都来自松嫩平原地理位置相邻的地点（青冈、哈尔滨和肇东),所有样品采集地点在给定时间都有相似的植物群落。因此,笔者认为使用 $\delta^{15}N$ 值来推断环境变化是合理的。

表 4-4　我国东北 7 个晚更新世诺氏驼样品的碳氮稳定同位素数据(Yuan et al.,2024)

样品编号	$\delta^{13}C$ (‰)	$\delta^{15}N$ (‰)	C(%)	N(%)	C:N
CADG387	−19.8	5.9	41.80	15.47	3.2
CADG388	−20.2	8.6	38.73	13.95	3.2
CADG389	−20.2	11.1	40.55	14.95	3.2
CADG529	−19.5	15.1	42.54	15.31	3.2
CADG533	−20.0	11.1	41.03	14.86	3.2
CADG596	−17.7	10.6	41.33	15.01	3.2
CADG665	−19.7	10.6	42.21	15.20	3.2

学界普遍认为,栖息地的水分可用性(或土壤湿度)与动物骨骼材料的 $\delta^{15}N$ 值呈负相关 (Handley et al.,1999;Vanderklift and Ponsard,2003)。在笔者研究的 7 个晚更新世诺氏驼个体中,两个年龄在距今 4 万～3 万 a 的诺氏驼样本(CADG387 和 CADG388)$\delta^{15}N$ 值分别为 8.6‰ 和 5.9‰,低于年代较老的其他样本(9.7‰～15.1‰,图 4-22)。类似的变化在我国东北地区生存的晚更新世大角鹿样本中也曾被观察到(Xiao et al.,2023a)。这些研究均表明,大约 4 万 a 以来,诺氏驼在东北亚的栖息地可能经历了水资源的增加,这也引起当地的植被变化。

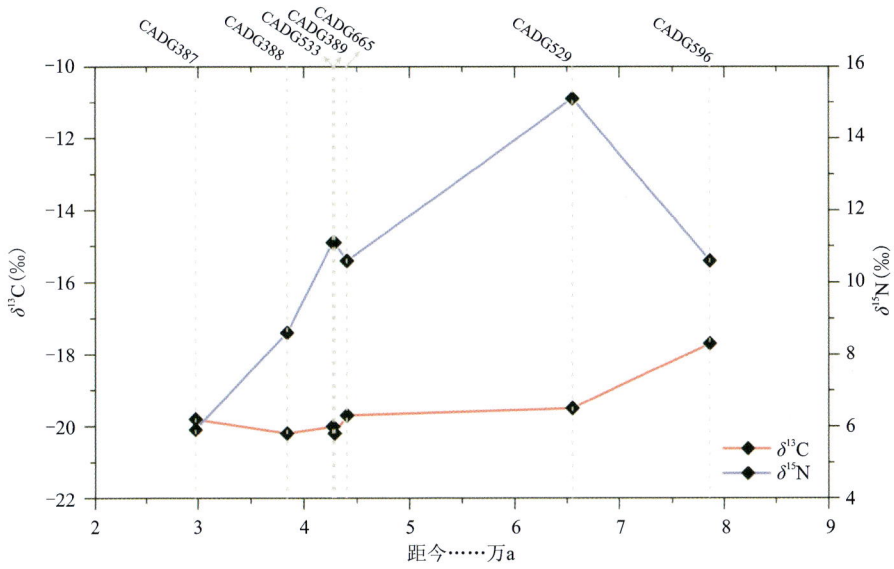

图 4-22　中国东北晚更新世诺氏驼样品碳氮稳定同位素数据(Yuan et al.,2024)

在美国阿拉斯加北极地区,冰河时期麝牛、驯鹿(*Rangifer tarandus*)和野马的 $\delta^{15}N$ 值下降被归因于沼泽地的形成(Mann et al.,2013),这导致当地土壤变冷、湿度增加,植物根系深度减小和植被的整体更新。如果东北亚地区也发生了类似的环境变化，那么更高的水资源可用性可能是其栖息环境从草原向泥炭地转变的结果。已灭绝诺氏驼是骆驼属中已知体型最大的物种，与现生骆驼相比，诺氏驼可能需要含更多营养的植被类型。因此，当栖息地植被质量开始下降时，可能会使诺氏驼的竞争力降低。这种解释也得到了这些诺氏驼样本的 $\delta^{13}C$ 值（从 $-20.2‰ \sim -17.7‰$）的支持（图 4-22），这些数值意味着诺氏驼存在进食偏好，主要以 C_3 植物为食，且这种偏好没有随着时间的推移而发生改变。总之，在末次盛冰期到来之前，诺氏驼已经经历了不断变化的栖息地及种群收缩，末次盛冰期的到来、更剧烈的环境变化，可能是"压垮这只骆驼的最后一根稻草"。

综上所述，笔者通过分析已灭绝诺氏驼古基因组、年代学和稳定同位素数据，对双峰骆驼的演化历史有了更为深入的了解。虽然诺氏驼在线粒体系统发育树中与野生双峰驼相混合，但在核水平上诺氏驼与野生双峰驼和家养双峰驼可被明显区分。然而，诺氏驼、野生双峰驼和家养双峰驼之间的分化模式近似于三分叉，很可能是因为 3 个谱系几乎同时分化加上多波基因流动。融合碳氮稳定同位素数据与其他古生态学证据，表明诺氏驼种群在末次冰期到来之前种群规模就已开始下降，这可能是由诺氏驼未能适应不断变化的环境引起的。以上这些研究结果凸显了欧亚大陆骆驼遗传组成的复杂性被低估，同时表明了稳定同位素证据在初步追踪可能导致物种灭绝的生态变化方面具有较高的实用性。

第 5 章 展 望

第四纪晚期大型哺乳动物的种群迁徙、演化与灭绝，一直是演化生物学的研究热点。古基因组学作为研究古代生命与其环境的重要工具，随着测序技术的不断更新、数据分析工具的创新以及与其他学科的深度融合，古基因组学正面临前所未有的发展机遇。本章将重点探讨未来古基因组学的技术前沿，古 DNA 与生态学的结合，以及中国北方大型哺乳动物研究的前景。笔者还将探讨古基因组学在现代物种保护中的应用，以及未来全球化合作与学科交叉研究的潜力。

5.1 古基因组学技术前沿

古基因组学的发展得益于技术的持续进步，特别是高通量测序和数据分析工具的革新。随着新技术的应用，古 DNA 研究的效率和精度将显著提升。

5.1.1 高通量测序技术的进步

高通量测序技术（next-generation sequencing，NGS）是推动古基因组学研究的核心力量。随着测序成本的降低和速度的提升，古基因组学研究在过去十几年中取得了显著突破。未来的技术进步，尤其是单细胞测序和纳米孔技术的应用，将进一步推动古基因组学的前沿发展。

5.1.2 数据分析工具的创新

除了测序技术，数据分析工具的不断创新也将对古基因组学的发展产生深远影响。随着测序技术的进步，研究人员将面临越来越庞大的数据集，而人工智能（artificial intelligence，AI）和机器学习（machine learning，ML）技术的应用将成为处理这些复杂数据的关键手段。

人工智能和机器学习技术已经在现代基因组学研究中得到广泛应用，其强大的数据处理能力能够从复杂的基因组数据中提取出有价值的生物学信息。在古基因组学中，AI 和 ML 可以帮助解决一些长期困扰研究人员的问题，如降解 DNA 片段的重组和污染 DNA 的去除。这些技术还能用于自动化物种鉴定和系统发育树的构建，从而减少人工干预，提升研究效率。

未来古基因组学研究的一个重要方向是对大规模数据集的处理和复杂性状的解析。随着越来越多的古 DNA 样本被测序，研究人员需要高效的工具来管理和分析这些庞大的数据集。通过引入机器学习算法，研究人员可以在短时间内从庞大的基因组数据库中发现潜在的进化模式，揭示物种适应环境变化的分子机制。

5.2 中国北方大型哺乳动物研究前景

中国北方地区,特别是东北、西北和华北等地更新世地层中发现了丰富的"猛犸象-披毛犀动物群"化石材料,为学界从分子水平追踪不同谱系的进化轨迹提供了充足的材料来源。根据化石记录,一些生物门类(如野马、披毛犀、野牛、骆驼等)在我国生存的地质时代延续时间较长,对中国材料开展研究为揭示相关属种的演化历史具有非常重要的价值(邓涛和薛祥煦,1998;Deng et al.,2011;Tong et al.,2017;刘文晖等,2023)。

5.2.1 第四纪中国大型哺乳动物分子演化历史

近年来,分子生物学者获取了一些我国大型哺乳动物材料[如大熊猫(*Ailuropoda melanoleuca*)、古菱齿象、诺氏驼、披毛犀、真猛犸象、草原野牛、原始牛、奥氏马、普氏野马、大连马、中华大角鹿、马鹿(*Cervus canadensis*)、西伯利亚狍(*Capreolus pygargus*)、苏门答腊鬣羚(*Capricornis sumatraensis*)、虎(*Panthera tigris*)、洞鬣狗等]的古基因组数据,发现了一些独特的遗传谱系,认识到其遗传组成的独特性、不同谱系间演化关系的复杂性以及灭绝种的古基因组对揭示现生近缘物种演化历史的重要性(Zhang et al.,2013;Sheng et al.,2014;Chen et al.,2018;Sheng et al.,2019;Wang et al.,2019;Yuan et al.,2019,2020,2023,2024;Cai et al.,2020;肖博等,2020;Zhang et al.,2020;Zheng et al.,2020;Hu et al.,2021,2022;Liu et al.,2021;Cai et al.,2022;Deng et al.,2022;Hou et al.,2022;Lin et al.,2023;Song et al.,2023;Xiao et al.,2023a,2023b;Zhang et al.,2023;杜志诚等,2024,Wang et al.,2024;Yuan et al.,2024;Zhang et al.,2024)。

相对于欧洲、北亚和美洲地区来讲,来自中国古脊椎动物材料的DNA研究较薄弱。虽然我们国内的动物古基因组研究已取得阶段性成果,但目前的研究大多局限于线粒体基因组层面,高质量核基因组数据较为匮乏,这对深入了解中国种群的谱系演化、不同种群互动历史以及在更新世气候环境变化及人类活动等因素影响下分子响应机制等造成一定障碍。目前,相关国际团队已进入功能古基因组研究阶段,中国在动物古基因组研究领域还有较大的上升空间。

现有研究认识到晚更新世时期我国北方地区可能是"猛犸象-披毛犀动物群"一些物种的演化中心。末次盛冰期,我国北方地区也可能是该动物群部分成员的避难所(图5-1)(Xiao et al.,2023a)。今后若能对我国北方地区晚更新世典型物种遗存材料开展广泛而深入的采样,获取不同时间和空间尺度样品的古基因组,尤其是高测序深度全基因组,结合公共数据库中现生种群的遗传学数据,将为重建地质历史时期的种群分化、地理谱系格局提供数据基础,为系统解析物种的遗传多样性随时-空的演变规律,深度解析不同种群的环境适应性遗传变异机制、不同种(种群)间基因流互动历史以及精确的谱系演化关系等提供关键分子证据。

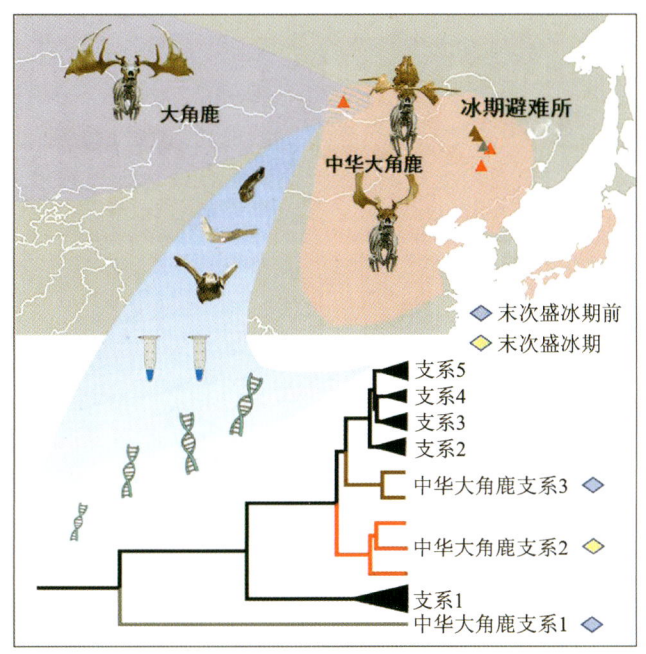

图 5-1　中华大角鹿系统发育地位及冰期避难所（Xiao et al.，2023a）

5.2.2　古基因组学与现代物种保护

古基因组学为了解物种的演化适应性和遗传多样性提供了独特的视角，通过揭示古代动物群体的演化历史，可为现代物种的种群保护提供重要启示。

5.2.2.1　古基因组学在现代物种保护中的应用

通过分析灭绝物种的基因组，研究人员可以识别出导致其灭绝的遗传缺陷或适应性失败的基因，这些信息可以帮助人们有效预防现代物种面临相似的命运（Jensen et al.，2022；Theissinger et al.，2023），为当前的物种保护制定更科学的策略。

遗传多样性是物种适应环境变化的基础。在现代物种保护中，评估和增强物种的遗传多样性至关重要。古基因组学能够通过分析古代种群的基因组信息，揭示出历史上物种在不同环境压力下的适应性变化。例如，通过对真猛犸象和披毛犀的古基因组分析，研究人员可以识别出与气候适应性相关的特定基因（Lord et al.，2020；Diez-del-Molino et al.，2023），进而为现存相关物种的保护提供指导。通过了解物种如何在历史上应对环境变化，保护生物学家可以更好地设计保护计划，以增强现代物种对未来气候变化的适应能力。

5.2.2.2　古基因组数据与保护策略的制定

在保护策略的制定过程中，古基因组数据可以作为重要的参考依据。例如，研究人员可以通过古DNA分析了解某一物种在历史上是否经历过遗传瓶颈事件，从而评估其当前种群的遗传健康状况。这些信息能够帮助科学家制定针对性更强的保护措施,确保种群维持足够的遗传多样性以应对未来的环境变化。

同时,古基因组学也可以用于重新审视濒危物种的遗传基础。例如,某些物种在面临生存威胁时,可能会展示出与其历史适应性不符的遗传特征。通过研究这些特征,科学家可以为物种的恢复和再引入提供更具科学性的建议,从而更有效地实现物种保护的目标。

5.3 多学科融合与资源共享

古基因组学的未来研究方向将更加多样化,尤其是在多学科交叉与全球化合作方面日益突出。采用单一学科研究方法存在一定的局限性,难以翔实绘制生物真实演化场景的全貌。未来的古基因组学研究不仅限于DNA分析,将着眼于建立跨学科研究网络。通过构建系统的研究框架,整合不同领域的专家和资源,特别是将古基因组学与形态学、考古学、气候学等多个学科的研究相结合,以推动对古代生态系统的更深入理解(刘理等,2023)。这种跨学科的交叉融合将为古生物学研究提供更全面的视角。例如,古DNA与考古学的结合可以揭示古代人类活动对环境与物种的影响,帮助人们理解人类与自然的互动关系。同时,将古基因组数据与气候模型结合,可以预测物种在未来气候变化影响下的适应能力。这类研究不仅能够帮助人们解开古代生态的复杂性,还能为现生物种保护提供科学依据。

5.3.1 古基因组学与生态学结合

古DNA不仅为重建物种的演化历史提供重要线索,还为了解古代生态系统的变化和物种间的相互作用提供新的视角。未来的古基因组学研究将更加注重与生态学的结合,从而揭示物种如何适应气候变化以及其在生态网络中的作用。

古基因组学在重建古环境中的应用:通过分析古DNA中的环境信号,科学家可以重建古代生态环境的变化。例如,古DNA分析不仅可以揭示古代物种的种群结构,还可以通过检测植被和气候变化的分子痕迹,重建当时的生态环境(Wang et al.,2021b)。未来,随着古基因组学技术的进步,研究人员将能够更加精准地重建特定时期的气候变化对物种分布的影响。

植被变化的分子证据:古DNA中常常保存有植被的遗传物质,为研究古代植物群落提供宝贵的证据。通过分析保存于哺乳动物化石中的植物DNA,研究者可以确定这些动物生活时期的植被类型和食物来源。随着植物基因组数据库的扩展,未来的古DNA研究将能够更好地解析植被变化对物种生存的影响。

气候波动对物种分布的影响:第四纪气候变化对大型哺乳动物的分布和演化产生了深远影响。通过结合气候模型和古DNA数据,研究人员可以探讨冰期与间冰期期间物种的迁徙路径和遗传多样性变化。这类研究不仅有助于理解历史上的气候变化如何塑造了物种的生存模式,还能为当前全球变暖对现生物种的影响提供借鉴。

种群动态与生态网络:未来的古基因组学研究将更加关注物种种群动态的长期变化和物种间生态网络的重建。通过古DNA分析,研究人员可以重建特定时期内物种种群的增长、衰退及其在生态系统中的角色变化。

种群动态的时间跨度分析：在过去的古 DNA 研究中，种群动态通常通过单一时间点的样本分析得出。然而，未来的研究将逐渐转向分析更长时间跨度的种群动态，以揭示物种在不同环境压力下的生存策略。例如，通过分析真猛犸象和披毛犀在冰期和间冰期的种群结构变化，科学家可以探讨这些物种如何在气候波动期间调节其繁殖和迁徙行为（Palkopoulou et al.，2015；Lord et al.，2020；Rey-Iglesia et al.，2021；Dehasque et al.，2024；Fordham et al.，2024）。

生态网络重建与物种间相互作用：物种之间的相互作用，如捕食、竞争和共生，是生态系统平衡的重要组成部分。通过重建古代生态网络，研究人员可以揭示出不同物种在特定生态系统中的作用，这将为人们了解物种如何共同适应环境变化提供新的视角。

5.3.2 古基因组与形态学、同位素等多学科数据融合分析

未来古基因组学的研究将不仅限于 DNA 分析，还将与形态学、年代学、气候学以及同位素分析等多个学科的研究相结合，这种跨学科的交叉研究方法将为古生物学研究提供更全面的视角（刘理等，2023）。

我国发现的一些生物门类早期化石材料较为零散、残破，给形态学研究带来一定的挑战性。在 MIS3—MIS2 期间，猛犸象、披毛犀个体发育呈现出体型缩小的趋势（金昌柱等，1998；Puzachenko et al.，2021）。人们不禁要问："猛犸象-披毛犀动物群"其他成员在同时期受相同气候和环境波动的影响，是否也存在类似的形态演变趋势？ 在今后的研究工作中，需采用形态计量学与遗传学相结合的研究方法来解开这个疑惑。

另外，获取骨骼组织中碳氮稳定同位素数据可用来重建动物在不同时期的食性及栖息环境。骨骼组织中碳稳定同位素值（$\delta^{13}C$）的变化模式，可追踪食草动物对 C_3、C_4 植物食用的相对比例以及与之相关的环境条件；骨骼组织中氮稳定同位素值（$\delta^{15}N$）与动物的营养水平和环境因素有关，$\delta^{15}N$ 值常与动物生存环境水的可利用性（如土壤湿度）成反比关系（Handley et al.，1999）。

目前，仅对我国少数物种（如大熊猫、虎、奥氏马、诺氏驼、大角鹿等）化石材料尝试开展了多学科交叉分析（Sheng et al.，2019；Cai et al.，2022；Sun et al.，2023；Xiao et al.，2023a；Yuan et al.，2024）。今后，为还原我国不同时间及空间典型动物群中的代表性成员详尽的演化图景，亟须获取大量样品的形态计量学、年代学、碳氮稳定同位素数据，并结合古基因组以及古气候、古人类活动资料，全面系统解析物种的演化过程。

5.3.3 全球化合作与样本共享

古基因组学研究通常依赖于高质量的样本收集，然而，古代 DNA 样本的获取往往面临地理和资源的限制。因此，国际合作对于推进古基因组学的研究至关重要。

通过建立国际化的样本库和数据共享平台，研究人员可以更有效地获取和利用珍稀的古代 DNA 样本。这不仅可以加速古基因组学研究的进展，还能够促进各国研究人员之间的交流与合作。在这个过程中，生物多样性保护和古生态重建的目标将更易于实现。一些国际合

作项目已经在古基因组研究中取得了显著成效,例如通过跨国合作分析的真猛犸象基因组。这类合作能够整合来自不同地区的样本,提供更广泛的遗传背景,从而在全球范围内揭示物种的迁徙和进化模式。

  总之,尝试打破学科壁垒,强化古生物学、地层学、考古学、分子生物学、群体遗传学、古生态学等诸多学科的交流和合作,进一步深化资源共享优势,中国第四纪大型哺乳动物古基因组研究必将迎来蓬勃发展的局面。

主要参考文献

白东义,赵一萍,李蓓,等,2017.马属动物全基因组高通量测序研究进展[J].遗传,39(11):974-983.

蔡保全,尹继才,1992.黑龙江青冈晚更新世哺乳动物化石[J].中国地质科学院学报(25):131-135.

蔡大伟,王海晶,韩璐,等,2007.4种古DNA抽提方法效果比较[J].吉林大学学报(医学版),33(1):13-16.

陈军,尹勇前,李涛,等,2016.吉林省大布苏国家重点化石产地的猛犸象-披毛犀动物群[J].地质通报,35(6):872-878.

陈少坤,黄万波,裴健,等,2012.三峡地区最晚更新世的梅氏犀兼述中国南方更新世的犀牛化石[J].人类学学报,31(4):381-394.

陈顺港,2020.我国北方地区晚更新世以来骆驼古DNA分子的演化研究[D].武汉:中国地质大学(武汉).

程佳,任战军,王乐,等,2009.基于$Cyt\ b$基因的家养双峰驼分子系统发育研究[J].西北农林科技大学学报(自然科学版),37(12):17-21.

邓涛,王晓鸣,李强,2012.西藏札达盆地发现的最原始披毛犀揭示冰期动物群的高原起源[J].中国基础科学(3):17-21.

邓涛,薛祥煦,1998.中国真马($Equus$ 属)化石的系统演化[J].中国科学(D辑),28(6):505-510.

邓涛,2002.甘肃临夏盆地发现已知最早的披毛犀化石[J].地质通报,21(10):604-608.

邓涛,2016.猛犸雪原[J].化石(3):31-38.

邓涛,1997.中国的真马化石及其生活环境[D].西安:西北大学.

董为,徐钦琦,金昌柱,等,1996.东北地区第四纪大型食草类动物群的演替及其与古气候的关系[J].古脊椎动物学报,34(1):58-70.

杜志诚,盛桂莲,胡家铭,等,2024.中国东北晚更新世真猛犸象的线粒体遗传多样性及其演化历史[J].科学通报,75(2):1-13.

傅罗文,袁靖,李水城,2009.论中国甘青地区新石器时代家养动物的来源及特征[J].考古,5:80-86.

高宏巍,王晶,何俊霞,等,2009.利用微卫星标记分析双峰驼进化和遗传多样性[J].上海交通大学学报(农业科学版),27(2):89-95.

韩建林,2000.旧世界骆驼属动物的起源、演化及其遗传多样性[D].兰州:兰州大学.

何晓红,2011.中国主要双峰驼群体遗存多样性、系统进化及 mtDNA 异质性研究[D].北京:中国农业科学院.

侯文通,2019.驴学[M].北京:中国农业出版社.

湖南医学院,1980.长沙马王堆一号汉墓古尸研究[M].北京:文物出版社.

黄蕴平,1996.内蒙古朱开沟遗址兽骨的鉴定与研究[J].考古学报(4):515-536.

姜海涛,赵克良,王元,等,2019.黑龙江青冈地区晚更新世猛犸象-披毛犀动物群生存的环境背景[J].人类学学报,38(1):148-156.

姜鹏,1982.东北猛犸象披毛犀动物群初探[J].东北师大学报(自然科学版)(1):107-117.

金昌柱,徐钦琦,郑家坚,1998.中国晚更新世猛犸象($Mammuthus$)扩散事件的探讨[J].古脊椎动物学报,36(1):47-53.

金鑫燕,2005.动物线粒体 DNA[J].西南民族大学学报(自然科学版),31(4):557-560.

赖旭龙,盛桂莲,袁俊霞,2022.如何解析灭绝古生物与现生亲缘物种的功能基因组差异?[J].地球科学,47(10):3821-3822.

兰宏,施立明,1993.麂属($Muntiacus$)动物线粒体 DNA 多态性及遗传分化[J].中国科学,23(5):489-497.

雷初朝,陈宏,王德解,等,2004.关中驴线粒体 DNA D-loop 多态性分析[J].中国畜牧杂志,40(4):10-12.

李冀,李永项,2023.西安发现唐代双峰驼[J].第四纪研究,43(3):878-883.

刘后一,1963.周口店第 21 地点马属一新种[J].古脊椎动物与古人类,7(4):318-322.

刘理,饶慧芸,杨益民,2023.基于质谱的动物考古学研究现状与展望[J].文物保护与考古科学,35(3):153-162.

刘文晖,侯素宽,张晓晓,2023.榆社盆地晚新生代骆驼化石的修订及中国化石骆驼评述[J].第四纪研究,43(3):712-751.

卢长吉,谢文美,苏锐,等,2008.中国家驴的非洲起源研究[J].遗传,30(3):324-328.

罗运兵,2013.我国骆驼的早期驯养与扩散[C]//四川省威远县人民政府,中国农业历史学会,西南地区中兽医学会.中国《活兽慈舟》学术研讨会论文集.

庞有志,杨再,洪子燕,2021.驴的起源与我国古代养驴业[J].中国草食动物科学,41(6):53-56,81.

权洁霞,张亚平,韩建林,等,2000.家养双峰驼线粒体 DNA 遗传多样性的研究[J].遗传学报,27(5):383-390.

任竹梅,马恩波,郭亚平,2002.蝗总科部分种类 Cyt b 基因序列及系统进化研究[J].遗传学报,29(4):314-321.

盛桂莲,赖旭龙,袁俊霞,等,2016.古 DNA 研究 35 年回顾与展望[J].中国科学(地球科学),46(12):1564-1578.

盛桂莲,袁俊霞,侯新东,等,2019.古 DNA 研究概论[M].武汉:中国地质大学出版社.

双小燕,袁俊霞,侯新东,等,2012.辽宁海城小孤山披毛犀化石的古 DNA 分析[J].地质科技情报,31(2):40-44.

宋凌峰,盛桂莲,袁俊霞,2017.古DNA单链测序文库的建立与检测[J].中国生物化学与分子生物学报,33(11):1090-1097.

宋世文,盛桂莲,袁俊霞,等,2022.中国东北第四纪晚期哺乳动物化石样品的古DNA损伤分析[J].中国生物化学与分子生物学报,38(4):465-473.

孙博阳,2018.中国马亚科化石分类修订、系统发育分析及迁徙、演化、环境背景讨论[D].北京:中国科学院大学.

孙丹辉,2017.犀牛知多少[J].化石(1):11-15.

孙国江,2023.基于古DNA探讨中国晚更新世披毛犀的遗传谱系[D].武汉:中国地质大学(武汉).

孙伟丽,杨博辉,曹学亮,等,2007.中国四个地方驴品种mtDNA D-loop部分序列分析与系统进化研究[J].中国草食动物,27(2):7-10.

同号文,王法岗,郑敏,等,2014.泥河湾盆地新发现的梅氏犀及裴氏板齿犀化石[J].人类学学报,33(3):369-388.

同号文,王晓敏,陈曦,2013.吉林乾安大布苏晚更新世野牛化石[J].人类学学报,32(4):485-502.

同号文,2007.第四纪以来中国北方出现过的喜暖动物及其古环境意义[J].中国科学(D辑),37(7):922-933.

同号文,2002.马的演化历程[J].化石(1):2-4.

肖博,盛桂莲,袁俊霞,等,2020.中国东北鹿亚科动物亚化石的古DNA分子鉴定及系统发育分析[J].古脊椎动物学报,58(4):328-337.

谢成侠,1987.中国马驴品种志[M].上海:上海科技出版社.

徐钦琦,金昌柱,李春田,1985.东北地区一万年前的气候变迁与哺乳动物的绝灭事件[J].吉林地质(1):38-42.

薛祥煦,张云翔,1994.中国第四纪哺乳动物区划[J].兽类学报,14(1):15-23.

薛亚东,吴三雄,孙志成,等,2014.野骆驼的研究和保护:现状与展望[J].四川动物,33(3):476-480.

杨周岐,张虎勤,张金,等,2006.古人类骨骼DNA降解影响因素分析[J].第四军医大学学报,27(1):90-92.

易广才,张晓梅,单祥年,2002.麂属(Muntiacus)动物线粒体12S rRNA、细胞色素b基因和多药耐药基因序列分析及其分子进化关系[J].遗传学报,29(8):674-680.

尤悦,王建新,赵欣,等,2014.新疆石人子沟遗址出土双峰驼的动物考古学研究[J].第四纪研究,34(1):173-186.

袁俊霞,2013.我国东北及萨拉乌苏地区晚更新世披毛犀的演化及迁徙[D].武汉:中国地质大学(武汉).

张成东,2014.中国骆驼父系和母系起源的分子特征与系统进化研究[D].杨凌:西北农林科技大学.

张小云,罗运兵,2014.中国骆驼驯化起源的考古学观察[J].古今农业(1):47-55.

张云生,王小斌,雷初朝,等,2009.中国5个家驴品种mtDNA Cyt b基因遗传多样性及起源[J].西北农业学报,18(6):9-11,38.

赵玮,庄玮,施立明,1994.中国貂线粒体DNA多态性及其与亚种分化的关系[J].遗传学报,21(1):7-16.

周本雄,1978.披毛犀和猛犸象的地理分布、古生态与有关的古气候问题[J].古脊椎动物与古人类,16(1):47-59.

周信学,孙玉峰,徐钦琦,等,1985.记大连晚更新世马属一新种[J].古脊椎动物学报,23(1):69-76.

ADLER C J, DOBNEY K, WEYRICH L S, et al., 2013. Sequencing ancient calcified dental plaque shows changes in oral microbiota with dietary shifts of the Neolithic and industrial revolutions[J]. Nature Genetics, 45(4):450-455.

ALLEN J R M, HICKLER T, SINGARAYER J S, et al., 2010. Last glacial vegetation of Northern Eurasia[J]. Quaternary Science Reviews, 29(19/20):2604-2618.

ALLENTOFT M E, COLLINS M, HARKER D, et al., 2012. The half-life of DNA in bone: Measuring decay kinetics in 158 dated fossils[J]. Proceedings of the Royal Society B: Biological Sciences, 279(1748):4724-4733.

ALLENTOFT M E, SIKORA M, FISCHER A, et al., 2024. 100 ancient genomes show repeated population turnovers in Neolithic Denmark[J]. Nature, 625:329-337.

ALMATHEN F, CHARRUAU P, MOHANDESAN E, et al., 2016. Ancient and modern DNA reveal dynamics of domestication and cross-continental dispersal of the dromedary[J]. Proceedings of the National Academy of Sciences USA, 113(24):6707-6712.

ÁLVAREZ-LAO D J, GARCÍA N, 2011. Southern dispersal and palaeoecological implications of woolly rhinoceros (*Coelodonta antiquitatis*): Review of the Iberian occurrences[J]. Quaternary Science Reviews, 30(15/16):2002-2017.

ARANGUREN-MENDEZ J, BEJA-PEREIRA A, AVELLANET R, et al., 2004. Mitochondrial DNA variation and genetic relationships in Spanish donkey breeds (*Equus asinus*)[J]. Journal of Animal Breeding and Genetic, 121(5):319-330.

BEJA-PEREIRA A P, ENGLAND R, FERRAND N, et al., 2004. African origins of the domestic donkey[J]. Science, 304(5678):1781.

BILLIA E M E, 2007. First records of *Stephanorhinus kirchbergensis* (Jäger, 1839) (Mammalia, Rhinocerotidae) from the Kuznetsk Basin (Kemerovo Region, Kuzbass Area, South-East of Western Siberia)[J]. Bollettino della Società Paleontologica Italiana, 46(2/3):95-100.

BILLIA E M E, 2011. Occurrences of *Stephanorhinus kirchbergensis* (Jäger, 1839) (Mammalia, Rhinocerotidae) in Eurasia: An account[J]. Acta Palaeontologica Romaniae(7):17-40.

BILLIA E M E, 2008. Revision of the fossil material attributed to *Stephanorhinus kirchbergensis*（Jäger，1839）（Mammalia，Rhinocerotidae）preserved in the museum collections of the Russian Federation[J]. Quaternary International,179(1):25-37.

BILLIA E M E,SHPANSKIJ A V,2005. *Stephanorhinus kirchbergensis*（Mammalia，Rhinocerotidae）from Middle Pleistocene levels of the Ob'River at Krasnyj Jar（Tomsk Region,Western Siberia）[J]. Deinsea,11:59-65.

BILLIA E M E,PETRONIO C,2009. Selected records of *Stephanorhinus kirchbergensis*（Jäger，1839）（Mammalia，Rhinocerotidae）in Italy [J]. Bollettino della Società Paleontologica Italiana,48(1):21-32.

BINLADEN J,WIUF C,GILBERT M T,et al.,2006. Assessing the fidelity of ancient DNA sequences amplified from nuclear genes[J]. Genetics,172(2):733-741.

BOESKOROV G G,LAZAREV P A,SHER A V,et al.,2011. Woolly rhino discovery in the lower Kolyma River[J]. Quaternary Science Reviews,30(17/18):2262-2272.

BOESKOROV G G,2012. Some specific morphological and ecological features of the fossil woolly rhinoceros（*Coelodonta antiquitatis* Blumenbach 1799）[J]. Biology Bulletin,39(8):692-707.

BURGER P A,CIANI E,FAYE B,2019. Old World camels in a modern world: A balancing act between conservation and genetic improvement[J]. Animal Genetics,50:598-612.

BURGER P A,PALMIERI N,2014. Estimating the population mutation rate from a de novo assembled Bactrian camel genome and cross-species comparison with dromedary ESTs[J]. Journal of Heredity,105(6):839-846.

BURGER P A,2016. The history of Old World camelids in the light of molecular genetics[J]. Tropical Animal Health and Production,48:905-913.

BURRELL A S,DISOTELL T R,BERGEY C M,2015. The use of museum specimens with high-throughput DNA sequencers[J]. Journal of Human Evolution,79:35-44.

CAI D W,ZHU S Q,GONG M,et al.,2022. Radiocarbon and genomic evidence for the survival of *Equus Sussemionus* until the late Holocene[J]. eLife,11:e73346.

CAI Y D,FU W W,CAI D W,et al.,2020. Ancient genomes reveal the evolutionary history and origin of cashmere-producing goats in China [J]. Molecular Biology and Evolution,37(7):2099-2109.

CALIEBE A,NEBEL A,MAKAREWICZ C,et al.,2017. Insights into early pig domestication provided by ancient DNA analysis[J]. Scientific Reports,7:44550.

CAMPOS P F,WILLERSLEV E,SHER A,et al.,2010. Ancient DNA analyses exclude humans as the driving force behind Late Pleistocene musk ox（*Ovibos moschatus*）population dynamics[J]. Proceedings of the National Academy of Sciences USA,107(12):5675-5680.

CHANG D,KNAPP M,ENK J,et al.,2017. The evolutionary and phylogeographic history of woolly mammoths:A comprehensive mitogenomic analysis[J]. Scientific Reports,

7:44585.

CHEN N B, CAI Y D, CHEN Q M, et al., 2018. Whole-genome resequencing reveals world-wide ancestry and adaptive introgression events of domesticated cattle in East Asia [J]. Nature Communications, 9(1):2337.

CHEN N B, ZHANG Z W, HOU J W, et al., 2023. Evidence for early domestic yak, taurine cattle, and their hybrids on the Tibetan Plateau[J]. Science Advances, 9(50):1-13.

CHEN S G, LI J, ZHANG F, et al., 2019. Different maternal lineages revealed by ancient mitochondrial genome of *Camelus bactrianus* from China[J]. Mitochondrial DNA Part A, 30:786-793.

CHULUUNBAT B, CHARRUAU P, SILBERMAYR K, et al., 2014. Genetic diversity and population structure of Mongolian domestic Bactrian camels (*Camelus bactrianus*)[J]. Animal Genetics, 45:550-558.

CIUCANI M M, RAMOS-MADRIGAL J, HERNÁNDEZ-ALONSO G, et al., 2023. The extinct Sicilian wolf shows a complex history of isolation and admixture with ancient dogs [J]. iScience, 26:107307.

CLUTTON-BROCK J, 1992. Horse power: A history of the horse and the donkey in human societies[M]. Cambridge, USA: Harvard University Press.

CORDINGLEY D E, SUNDARESAN S R, FISCHHOFF I R, et al., 2009. Is the endangered Grevy's zebra threatened by hybridization? [J]. Animal Conservation, 12:505-513.

CUI P, JI R, DING F, et al., 2007. A complete mitochondrial genome sequence of the wild two-humped camel(*Camelus bactrianus ferus*): An evolutionary history of Camelidae [J]. BMC Genomics, 8(241):1-10.

DABNEY J, KNAPP M, GLOCKE I, et al., 2013a. Complete mitochondrial genome sequence of a Middle Pleistocene cave bear reconstructed from ultrashort DNA fragments [J]. Proceedings of the National Academy of Sciences USA, 110(39):15758-15763.

DABNEY J, MEYER M, PÄÄBO S, 2013b. Ancient DNA damage[J]. Cold Spring Harbor Perspectives in Biology, 5(7):1-9.

DALÉN L, HEINTZMAN P D, KAPP J D, et al., 2023. Deep-time paleogenomics and the limits of DNA survival[J]. Science, 382(6666):48-53.

DALTON D L, PROST S, 2021. Rhinoceros genomes uncover family secrets[J]. Nature, 599(7884):209-210.

DAMGAARD P B, MARGARYAN A, SCHROEDER H, et al., 2015. Improving access to endogenous DNA in ancient bones and teeth[J]. Scientific Reports, 5:11184.

DE BARROS DAMGAARD P, MARCHI N, RASMUSSEN S, et al., 2018. 137 ancient human genomes from across the Eurasian steppes[J]. Nature, 557:369-374.

DEHASQUE M, MORALES H E, DÍEZ-DEL-MOLINO D, et al., 2024. Temporal dynamics of woolly mammoth genome erosion prior to extinction[J]. Cell, 187(14): 3531-3540.

DEHASQUE M, PEČNEROVÁ P, MULLER H, et al., 2021. Combining Bayesian age models and genetics to investigate population dynamics and extinction of the last mammoths in Northern Siberia[J]. Quaternary Science Reviews, 259: 1-11.

DELSUC F, KUCH M, GIBB G C, et al., 2019. Ancient mitogenomes reveal the evolutionary history and biogeography of sloths[J]. Current Biology, 29: 2031-2042.

DENG M X, XIAO B, YUAN J X, et al., 2022. Ancient mitogenomes suggest stable mitochondrial clades of the Siberian roe deer[J]. Genes, 13(1): 114.

DENG T, WANG X M, FORTELIUS M, et al., 2011. Out of Tibet: Pliocene woolly rhino suggests high-plateau origin of Ice Age megaherbivores[J]. Science, 33(6047): 1285-1288.

DÍEZ-DEL-MOLINO D, DEHASQUE M, CHACON-DUQUE J C, et al., 2023. Genomics of adaptive evolution in the woolly mammoth[J]. Current Biology, 33(9): 1753-1764.

DRUCKER D G, 2022. The isotopic ecology of the mammoth steppe[J]. Annual Review of Earth and Planetary Sciences, 50(1): 395-418.

DRUZHKOVA A S, MAKUNIN A I, VOROBIEVA N V, et al., 2017. Complete mitochondrial genome of an extinct *Equus* (*Sussemionus*) *ovodovi* specimen from Denisova cave (Altai, Russia)[J]. Mitochondrial DNA Part B, 2(1): 79-81.

EISENMANN V, SERGEJ V, 2011. Unexpected finding of a new *Equus* species (Mammalia, Perissodactyla) belonging to a supposedly extinct subgenus in Late Pleistocene deposits of Khakassia (Southwestern Siberia)[J]. Geodiversitas, 33(3): 519-530.

EISENMANN V, 1992. Origins, dispersals, and migrations of *Equus* (Mammalia, Perissodactyla)[J]. Courier Forschungsintitut Senckenberg, 153: 161-170.

EISENMANN V, 2010. *Sussemionus*, a new subgenus of *Equus* (Perissodactyla, Mammalia)[J]. Comptes Rendus Biologies, 333(3): 235-240.

FELKEL S, WALLNER B, CHULUUNBAT B, et al., 2019. A first Y-chromosomal haplotype network to investigate male-driven population dynamics in domestic and wild Bactrian camels[J]. Frontiers in Genetics(10): 423-429.

FITAK R R, MOHANDESAN E, CORANDER J, et al., 2020. Genomic signatures of domestication in Old World camels[J]. Communications Biology, 3(1): 316.

FLESKES R E, CABANA G S, GILMORE J K, et al., 2023. Community-engaged ancient DNA project reveals diverse origins of 18th-century African descendants in Charleston, South Carolina[J]. Proceedings of the National Academy of Sciences USA, 120(3): e2201620120.

FORDHAM D A, BROWN S C, CANTERI E, et al. , 2024. 52 000 years of woolly rhinoceros population dynamics reveal extinction mechanisms[J]. Proceedings of the National Academy of Sciences USA,121(24):e2316419121.

FRANTZ L A F, HAILE J, LIN A T, et al. , 2019. Ancient pigs reveal a near-complete genomic turnover following their introduction to Europe[J]. Proceedings of the National Academy of Sciences USA,116(35):17231-17238.

FU Q M, POSTH C, HAJDINJAK M, et al. , 2016. The genetic history of Ice Age Europe[J]. Nature,534:200-205.

GAMBA C, HANGHØJ K, GAUNITZ C, et al. , 2016. Comparing the performance of three ancient DNA extraction methods for high-throughput sequencing[J]. Molecular Ecology Resources,16:459-469.

GAMBA C, JONES E R, TEASDALE M D, et al. , 2014. Genome flux and stasis in a five millennium transect of European prehistory[J]. Nature communications,5(1):1-9.

GANSAUGE M T, MEYER M, 2013. Single-stranded DNA library preparation for the sequencing of ancient or damaged DNA[J]. Nature Protocols,8(4):737-748.

GERAADS D, DIDIER G, BARR W A, et al. , 2020. The fossil record of camelids demonstrates a late divergence between Bactrian camel and dromedary[J]. Acta Palaeontologica Polonica,65:251-260.

GINOLHAC A, VILSTRUP J, STENDERUP J, et al. , 2012. Improving the performance of true single molecule sequencing for ancient DNA[J]. BMC genomics,13(1):1-14.

GOPALAKRISHNAN S, SINDING M S, RAMOS-MADRIGAL J, et al. , 2018. Interspecific gene flow shaped the evolution of the genus *Canis*[J]. Current Biology,28(21):3441-3449.

GOTO H, RYDER O, FISHER A, et al. , 2011. A massively parallel sequencing approach uncovers ancient origins and high genetic variability of endangered Przewalski's horses[J]. Genome Biology and Evolution,3(1):1096-1106.

GRAY M W, BURGER G, CEDERGREN R, et al. , 1999. A genomics approach to mitochondrial evolution[J]. Biological Bulletin,96(3):400-403.

GREEN R E, MALASPINAS A, KRAUSE J. et al. , 2008. A complete Neandertal mitochondrial genome sequence determined by high-throughput sequencing[J]. Cell,134(3):416-426.

GUO X, BAO G J, DING X Z, et al. ,2017. Complete mitochondrial genome of Qingyang donkey (*Equus asinus*)[J]. Conservation Genetics Resources,9(2):269-271.

GUTHRIE R D, 2006. New carbon dates link climatic change with human colonization and Pleistocene extinctions[J]. Nature,441(7090):207-209.

HADLY E A, RAMAKRISHNAN U M A, CHAN Y L, et al. , 2004. Genetic response to climatic change: Insight from ancient DNA and phylochronology[J]. PLoS biology, 2(10): 1600-1609.

HAN H, CHEN N, JOADANA J, et al., 2017. Genetic diversity and paternal origin of domestic donkeys[J]. Animal Genetics, 48(6): 708-711.

HAN L, ZHU S B, NING C, et al., 2014. Ancient DNA provides new insight into the maternal lineages and domestication of Chinese donkeys[J]. BMC Evolutionary Biology, 14: 1-10.

HANDLEY L L, AUSTIN A T, STEWART G R, et al., 1999. The ^{15}N natural abundance (δ^{15}N) of ecosystem samples reflects measures of water availability[J]. Functional Plant Biology, 26: 185-199.

HEAD S R, KOMORI H K, LAMERE S A, et al., 2014. Library construction for next-generation sequencing: Overviews and challenges[J]. Biotechniques, 56(2): 61-77.

HEITZMAN P D, ZAZULA G D, MACPHEE R D E, et al., 2017. A new genus of horse from Pleistocene North America[J]. eLife, 6: e29944.

HENN B M, CAVALLI-SFORZA L L, FELDMAN M W, 2012. The great human expansion[J]. Proceedings of the National Academy of Sciences USA, 109(44): 17 758-17 764.

HIGUCHI R, BOWMAN B, FREIBERGER M, et al., 1984. DNA sequences from the quagga, an extinct member of the horse family[J]. Nature, 312(5991): 282-284.

HOELZEL A R, 1994. Rapid evolution of a heteroplasmic repetitive sequence in the mitochondria DNA control region of carnivores[J]. Journal of Molecular Evolution, 39(2): 191-199.

HOFREITER M, JAENICKE V, SERRE D, et al., 2001. DNA sequences from multiple amplifications reveal artifacts induced by cytosine deaminination in ancient DNA[J]. Nucleic Acids Research, 29(23): 4793-4799.

HOFREITER M, PAIJMANS J L A, GOODCHILD H, et al., 2015. The future of ancient DNA: Technical advances and conceptual shifts[J]. BioEssays, 37(3): 284-293.

HONEY J G, HARRISON J A, PROTHERO D R, et al., 1998. Camelidae: Terrestrial carnivores, ungulates, and ungulatelike mammals[M]. Cambridge: Cambridge University Press.

HÖSS M, JARUGA P, ZASTAWNY T H, et al., 1996. DNA damage and DNA sequence retrieval from ancient tissues[J]. Nucleic acids research, 24(7): 1304-1307.

HOU X D, ZHAO J, ZHANG H C, et al., 2022. Paleogenomes reveal a complex evolutionary history of Late Pleistocene bison in Northeastern China[J]. Genes, 13(10): 1684.

HU J M, WESTBURY M V, YUAN J X, et al., 2022. An extinct and deeply divergent tiger lineage from Northeastern China recognized through palaeogenomics[J]. Proceedings of the Royal Society B,289(1979):1-8.

HU J M,WESTBURY M V,YUAN J X,et al.,2021. Ancient mitochondrial genomes from Chinese cave hyenas provide insights into the evolutionary history of the genus *Crocuta*[J]. Proceedings of the Royal Society B,288(1943):1-9.

IRWIN D M,KOCHER T D,WILSON A C,1991. Evolution of the cytochrome b gene of mammals[J]. Journal of Molecular Evolution,32(2):128-144.

IVANKOVIC A,KAVAR T,CAPUT P,et al.,2002. Genetic diversity of three donkey populations in the Croatian coastal region[J]. Animal Genetics,33(10):169-177.

JANSEN T,FORSTER P,LEVINE M A,et al.,2002. Mitochondrial DNA and the origins of the domestic horse[J]. Proceedings of the National Academy of Sciences USA,99(16):10 905-10 910.

JENSEN E L,DIEZ-DEL-MOLINO D,GILBERT M T P,et al.,2022. Ancient and historical DNA in conservation policy[J]. Trends in Ecology & Evolution,37(5):420-429.

JI R,CUI P,DING F,et al.,2009. Monophyletic origin of domestic Bactrian camel (*Camelus bactrianus*) and its evolutionary relationship with the extant wild camel (*Camelus bactrianus ferus*)[J]. Animal Genetics,40:377-382.

JOHNS G C,AVISE J C,1998. A comparative summary of genetic distances in the vertebrates from the mitochondrial cytochrome b gene[J]. Molecular Biology and Evolution,15(11):1481-1490.

JÓNSSON H,SCHUBERT M,SEGUIN-ORLANDO A,et al.,2014. Speciation with gene flow in equids despite extensive chromosomal plasticity[J]. Proceedings of the National Academy of Sciences USA,111(52):18 655-18 660.

KAHLKE R D,LACOMBAT F,2008. The earliest immigration of woolly rhinoceros (*Coelodonta tologoijensis*,Rhinocerotidae,Mammalia) into Europe and its adaptive evolution in Palaearctic cold stage mammal faunas[J]. Quaternary Science Reviews,27(21/22):1951-1961.

KAPP J D,GREEN R E,SHAPIRO B,2021. A fast and efficient single-stranded genomic library preparation method optimized for ancient DNA[J]. Journal of Heredity,112:241-249.

KEFENA E,DESSIE T,TEGEGNE A,et al.,2014. Genetic diversity and matrilineal genetic signature of native Ethiopian donkeys (*Equus asinus*) inferred from mitochondrial DNA sequence polymorphism[J]. Livestock Science,167:73-79.

KEIGHLEY X,BRO-JORGENSEN M H,AHLGREN H,et al.,2021. Predicting sample success for large-scale ancient DNA studies on marine mammals[J]. Molecular Ecology Resources,21(4):1149-1166.

KIMURA B,MARSHALL F,BEJA-PEREIRA A,et al.,2013. Donkey domestication[J]. African Archaeological Review,30(1):83-95.

KIMURA B, MARSHALL F, CHEN S, et al., 2011. Ancient DNA from Nubian and Somali wild ass provides insights into donkey ancestry and domestication[J]. Proceedings the Royal of Society B, 278(1702):50-57.

KIRILLOVA I V, CHERNOVA O F, VAN DER MADE J, et al., 2017. Discovery of the skull of *Stephanorhinus kirchbergensis* (Jäger, 1839) above the Arctic Circle[J]. Quaternary Research, 88(3):537-550.

KIRILLOVA I V, VERSHININA A O, ZAZOVSKAYA E P, et al., 2021. On time and environment of *Stephanorhinus kirchbergensis* Jäger 1839 (Mammalia, Rhinoceratidae) in Altai and Northeastern Russia[J]. Biology Bulletin, 48(9):1674-1687.

KJÆR K H, PEDERSEN M W, SANCTIS B D, et al., 2022. A 2-million-year-old ecosystem in Greenland uncovered by environmental DNA[J]. Nature, 612:283-291.

KLEMENTIEV A M, KHATSENOVICH A M, TSERENDAGVA Y, et al., 2022. First documented *Camelus knoblochi* Nehring (1901) and fossil *Camelus ferus* Przewalski (1878) from Late Pleistocene archaeological contexts in Mongolia[J]. Frontiers in Earth Science, 10:861163.

KORLEVIĆ P, GERBER T, GANSAUGE M T, et al., 2015. Reducing microbial and human contamination in DNA extractions from ancient bones and teeth[J]. Biotechniques, 59(2):87-93.

KOSINTSEV P, MITCHELL K J, DEVIESE T, et al., 2019. Evolution and extinction of the giant rhinoceros *Elasmotherium sibiricum* sheds light on Late Quaternary megafaunal extinctions[J]. Nature Ecology and Evolution, 3(1):31-38.

KUZMIN Y V, 2010. Extinction of the woolly mammoth (*Mammuthus primigenius*) and woolly rhinoceros (*Coelodonta antiquitatis*) in Eurasia: Review of chronological and environmental issues[J]. Boreas, 39(2):247-261.

LADO S, EIBERS J P, DOSKOCIL A, et al., 2020. Genome-wide diversity and global migration patterns in dromedaries follow ancient caravan routes[J]. Communications Biology, 3(1):1-8.

LEI C Z, GE Q L, ZHANG H C, et al., 2007. African maternal origin and genetic diversity of Chinese domestic donkeys[J]. Asian-Australasian Journal of Animal Sciences, 20(5):645-652.

LIBRADO P, KHAN N, FAGES A, et al., 2021. The origins and spread of domestic horses from the Western Eurasian steppes[J]. Nature, 598(7882):634-640.

LIN H F, HU J M, BALEKA S, et al., 2023. A genetic glimpse of the Chinese straight-tusked elephants[J]. Biology Letters, 19(7):20230078.

LIPSON M, SAWCHUK E A, THOMPSON J C, et al., 2022. Ancient DNA and deep population structure in sub-Saharan African foragers[J]. Nature, 603:290-296.

LISTER A M, STUART A J, 2008. The impact of climate change on large mammal distribution and extinction: Evidence from the last glacial/interglacial transition[J]. Comptes Rendus Geoscience, 340(9/10):615-620.

LISTER A M, 2004. The impact of Quaternary Ice Ages on mammalian evolution[J]. Philosophical Transactions of the Royal Society of London B Biology Sciences, 359(1442): 221-241.

LIU S L, WESTBURY M V, DUSSEX N, et al., 2021. Ancient and modern genomes unravel the evolutionary history of the rhinoceros family[J]. Cell, 184(19):4874-4885.

LIU Y C, BENNETT E A, FU Q M, 2022. Evolving ancient DNA techniques and the future of human history[J]. Cell, 185(15):2632-2635.

LORD E, DUSSEX N, KIERCZAK M, et al., 2020. Pre-extinction demographic stability and genomic signatures of adaptation in the woolly rhinoceros[J]. Current Biology, 30(19): 3871-3879.

LORENZEN E D, NOGUES-BRAVO D, ORLANDO L, et al., 2011. Species-specific responses of Late Quaternary megafauna to climate and humans[J]. Nature, 479(7373):359-364.

MA J, WANG Y, BARYSHNIKOV G F, et al., 2021. The *Mammuthus-Coelodonta* faunal complex at its southeastern limit: A biogeochemical paleoecology investigation in Northeast Asia[J]. Quaternary International, 591:93-106.

MA X Y, NING T, ADEOLA A C, et al., 2020. Potential dual expansion of domesticated donkeys revealed by worldwide analysis on mitochondrial sequences[J]. Zoological Research, 41(1):51-60.

MACFADDEN B J, 2005. Fossil horses-evidence for evolution[J]. Science, 307(5716): 1728-1730.

MALANOSKI C M, FARNSWORTH A, LUNT D J, et al., 2024. Climate change is an important predictor of extinction risk on macroevolutionary timescales[J]. Science, 383 (6687):1130-1134.

MANN D H, GROVES P, KUNZ M L, et al., 2013. Ice-age megafauna in Arctic Alaska: Extinction, invasion, survival[J]. Quaternary Science Reviews, 70:91-108.

MARGARYAN A, SINDING M S, LIU S, et al., 2020. Recent mitochondrial lineage extinction in the critically endangered Javan rhinoceros[J]. Zoological Journal of the Linnean Society, 190(1):372-383.

MAYS H L, JR, HUNG C M M, et al., 2018. Genomic analysis of demographic history and ecological niche modeling in the endangered Sumatran rhinoceros *Dicerorhinus sumatrensis*[J]. Current Biology, 28:70-76.

MELLARS P, 2006. Why did modern human populations disperse from Africa ca.

60 000 years ago? A new model[J]. Proceedings of the National Academy of Sciences USA, 103(25):9381-9386.

MEYER M, FU Q M, AXIMU-PETRI A, et al., 2014. A mitochondrial genome sequence of a hominin from Sima de los Huesos[J]. Nature, 505:403-406.

MEYER M, KIRCHER M, 2010. Illumina sequencing library preparation for highly multiplexed target capture and sequencing[J]. Cold Spring Harbor Protocols(6):1-21.

MILLER W, DRAUTZ D I, RATAN A, et al., 2008. Sequencing the nuclear genome of the extinct woolly mammoth[J]. Nature, 456(7220):387-390.

MING L, YI L, GUO F C, et al., 2016. Molecular phylogeny of the Bactrian camel based on mitochondrial Cytochrome b gene sequences[J]. Genetics and Molecular Research, 15(3):1-8.

MING L, YUAN L Y, YI L, et al., 2020. Whole-genome sequencing of 128 camels across Asia provides insights into origin and migration of domestic Bactrian camels[J]. Communications Biology(3):1-9.

MOHANDESAN E, SPELLER C F, PETERS J, 2017. Combined hybridization capture and shotgun sequencing for ancient DNA analysis of extinct wild and domestic dromedary camel[J]. Molecular Ecology Resources, 17:300-313.

MOODLEY Y, RUSSO I-R M, ROBOVSKY J, et al., 2018. Contrasting evolutionary history, anthropogenic declines and genetic contact in the northern and southern white rhinoceros (*Ceratotherium simum*)[J]. Proceedings of the Royal Society B, 285:1-9.

MOODLEY Y, WESTBURY M V, RUSSO I-R M, et al., 2020. Interspecific gene flow and the evolution of specialization in black and white rhinoceros[J]. Molecular Biology and Evolution, 37(11):3105-3117.

MORITZ C, BOWLING T E, BROWN W M, 1987. Evolution of animal mitochondrial DNA: Relevance for population biology and systematics[J]. Annual review of ecology and systematics, 18:269-292.

NEHRING A, 1901. Eine vorläufige Mittheilung über einen fossilen Kamel-Schädel (*Camelus knoblochi*) von Sarepta an der Wolga[J]. Sitzungs-Bericht der Gesellschaft Naturforschender Freunder, 21(5):137-144.

ORLANDO L, ALLABY R, SKOGLUND P, et al., 2021. Ancient DNA analysis[J]. Nature reviews methods primers, 1:1-26.

ORLANDO L, GINOLHAC A, ZHANG G J, et al., 2013. Recalibrating *Equus* evolution using the genome sequence of an early Middle Pleistocene horse[J]. Nature, 499(7456):74-78.

ORLANDO L, LEONARD J A, THENOT A, et al., 2003. Ancient DNA analysis reveals woolly rhino evolutionary relationships[J]. Molecular Phylogenetics and Evolution,

28(3):485-499.

ORLANDO L, METCALF J L, ALBERDI M T, et al., 2009. Revising the recent evolutionary history of equids using ancient DNA[J]. Proceedings of the National Academy of Sciences USA,106(51):21 754-21 759.

ORLOVAA L A, VASILEV S K, KUZMIN Y V, et al., 2008. New data on the time and place of extinction of the woolly rhinoceros *Coelodonta antiquitatis* Blumenbach,1799[J]. Doklady Biological Sciences,423:403-405.

PÄÄBO S, 1989. Ancient DNA: extraction, characterization, molecular cloning, and enzymatic amplification[J]. Proceedings of the National Academy of Sciences UAS,86(6):1939-1943.

PALKOPOULOU E, DALÉN L, LISTER A M, et al., 2013. Holarctic genetic structure and range dynamics in the woolly mammoth[J]. Processiong of The Royal Society B,280(1770):1-9.

PALKOPOULOU E, LIPSON M, MALLICK S, et al., 2018. A comprehensive genomic history of extinct and living elephants[J]. Proceedings of the National Academy of Sciences USA,115:2566-2574.

PALKOPOULOU E, MALLICK S, SKOGLUND P, et al, 2015. Complete genomes reveal signatures of demographic and genetic declines in the woolly mammoth[J]. Current Biology,25:1395-1400.

PERRI A R, FEUERBORN T R, FRANTZ L A F, et al., 2021. Dog domestication and the dual dispersal of people and dogs into the America[J]. Proceedings of the National Academy of Sciences USA,118(6):1-8.

PETERS J, VON DEN DRIESH A, 1997. The two-humped camel (*Camelus bactrianus*): New light on its distribution, management and medical treatment in the past[J]. Journal Zoology, 242:651-679.

PICKFORD M, MORALES J, SORIA D, 1995. Fossil camels from the Upper Miocene of Europe: Implication for biogeography and faunal change[J]. Geobios,28:641-650.

PROVAN J, BENNETT K D, 2008. Phylogeographic insights into cryptic glacial refugia [J]. Trends Ecology and Evolution,23(10):564-571.

PRÜFER K, DE FILIPPO C, GROTE S, et al., 2017. A high coverage Neandertal genome from Vindija Cave in Croatia[J]. Science,358(6363):655-658.

PUZACHENKO A Y, KIRILLOVA I V, SHIDLOVSKY F K, et al., 2021. Variability and morphological features of woolly rhinoceros skulls [*Coelodonta antiquitatis* (Blumenbach 1799)] from Northeastern Asia in the Late Pleistocene[J]. Biology Bulletin, 48:185-196.

REITZ E, WING E, 2008. Zooarchaeology, Cambridge Manuals in Archaeology[M]. Cambridge:Cambridge University Press.

REY-IGLESIA A,LISTER A M,CAMPOS P F,et al.,2021. Exploring the phylogeography and population dynamics of the giant deer (*Megaloceros giganteus*) using Late Quaternary mitogenomes[J]. Processiong of The Royal Society B,288(1950):1-9.

REY-IGLESIA A, LISTER A M, STUART A J, et al., 2021. Late Pleistocene paleoecology and phylogeography of woolly rhinoceroses[J]. Quaternary Science Reviews (263):106993.

ROCA A L, 2020. Evolution: Untangling the woolly rhino's extinction[J]. Current Biology,30(19):1087-1090.

ROGERS R L,SLATKIN M,2017. Excess of genomic defects in a woolly mammoth on Wrangel island[J]. PLoS Genetics,13(3):1-16.

ROGINSKI H,FUQUAY J W,FOX P F, 2003. Encyclopedia of Dairy Sciences[M]. Cambridge, MA,USA: Academic Press.

ROHLAND N, HOFREITER M, 2007. Comparison and optimization of ancient DNA extraction[J]. Biotechniques,42(3):343-352.

ROMPLER H,DEAR P H,KRAUSE J,et al.,2006. Multiplex amplification of ancient DNA[J]. Nature Protocols,1(2):720-728.

ROSENBOM S,COSTA V,AL-ARAIMI N,et al.,2015. Genetic diversity of donkey populations from the putative centers of domestication[J]. Animal Genetics,46(1):30-36.

ROSSEL S, MARSHALL F, PETERS J, et al., 2008. Domestication of the donkey: Timing, processes, and indicators[J]. Proceedings of the National Academy of Sciences USA,105(10):3715-3720.

ROWAN J,MARTINI P,LIKIUS A,2018. New Pliocene remains of *Camelus grattardi* (Mammalia,Camelidae) from the Shungura Formation,Lower Omo Valley,Ethiopia,and the evolution of African camels[J]. Historical Biology,31:1123-1134.

RUAN J,LI H,2020. Fast and accurate long-read assembly with wtdbg2[J]. Nature Methods,17:155-158.

RYBCZYNSKI N,GOSSE J C,HARINGTON C R,et al.,2013. Mid-Pliocene warm-period deposits in the High Arctic yield insight into camel evolution[J]. Nature Communications,4:1-9.

SANDOVAL-VELASCO M,DUDCHENKO O,RODRÍGUEZ J A,et al.,2024. Three-dimensional genome architecture persists in a 52 000-year-old woolly mammoth skin sample[J]. Cell,187(14):3541-3562.

SAVOLAINEN P, ZHANG Y P, LUO J, et al., 2002. Genetic evidence for an East Asian origin of domestic dogs[J]. Science,298(5598):1610-1613.

SCHUBERT M, LINDGREEN S, ORLANDO L, 2016. AdapterRemoval v2: Rapid adapter trimming,identification,and read merging[J]. BMC Research Notes,9(1):88-94.

SEEBER P A, PALMER Z, SCHMIDT A, et al., 2023. The first European woolly rhinoceros mitogenomes, retrieved from cave hyena coprolites, suggest long-term phylogeographic differentiation[J]. Biology Letters, 19: 1-4.

SHENG G L, BASLER N, JI X P, et al., 2019. Paleogenome reveals genetic contribution of extinct giant panda to extant populations[J]. Current Biology, 29: 1695-1700.

SHENG G L, SOUBRIER J, LIU J Y, et al., 2014. Pleistocene Chinese cave hyenas and the recent Eurasian history of the spotted hyena, *Crocuta crocuta*[J]. Molecular Ecology, 23: 522-533.

SHER A V, 1986. Olyorian land mammal age of Northeastern Siberia[J]. Palaeontographica Italica, 74: 97-112.

SILBERMAYR K, OROZCO-TERWENGEL P, CHARRUAU P, et al., 2009. High mitochondrial differentiation levels between wild and domestic Bactrian camels: A basis for rapid detection of maternal hybridization[J]. Animal Genetics, 41: 315-318.

SONG S W, XIAO B, HU J M, et al., 2023. Ancient mitogenomes reveal stable genetic continuity of the Holocene serows[J]. Genes, 14(6): 1-7.

STANLEY H F, KADWELL M, WHEELER J C, 1994. Molecular evolution of the family Camelidae: A mitochondrial DNA study[J]. Proceedings: Biological Sciences, 256: 1-6.

STEFANIAK K, STACHOWICZ-RYBKA R, BORÓWKA R K, et al., 2021. Browsers, grazers or mix-feeders? Study of the diet of extinct Pleistocene Eurasian forest rhinoceros *Stephanorhinus kirchbergensis* (Jäger, 1839) and woolly rhinoceros *Coelodonta antiquitatis* (Blumenbach, 1799)[J]. Quaternary International(605/606): 192-212.

STUART A J, LISTER A M, 2012. Extinction chronology of the woolly rhinoceros *Coelodonta antiquitatis* in the context of Late Quaternary megafaunal extinctions in Northern Eurasia[J]. Quaternary Science Reviews, 51: 1-17.

SUCHAN T, PITTELOUD C, GERASIMOVA N S, et al., 2016. Hybridization capture using RAD probes (hyRAD), a new tool for performing genomic analyses on collection specimens[J]. PLoS ONE, 11(3): e0151651.

SUN X, LIU Y C, TIUNOV M P, et al., 2023. Ancient DNA reveals genetic admixture in China during tiger evolution[J]. Nature Ecology & Evolution, 7(11): 1914-1929.

THEISSINGER K, FERNANDES C, FORMENTI G, et al., 2023. How genomics can help biodiversity conservation[J]. Trends in Genetics, 39(7): 545-559.

TITOV V V, 2008. Habitat conditions for *Camelus knoblochi* and factors in its extinction[J]. Quaternary International, 179: 120-125.

TIUNOV A V, KIRILLOVA I V, 2010. Stable isotope ($^{13}C/^{12}C$ and $^{15}N/^{14}N$) composition of the woolly rhinoceros *Coelodonta antiquitatis* horn suggests seasonal changes in the diet[J]. Rapid Communications in Mass Spectrometry, 24(21): 3146-3150.

TONG H W, Chen X, ZHANG B, 2017. New fossils of *Bison palaeosinensis*

(Artiodactyla,Mammalia) from the steppe mammoth site of Early Pleistocene in Nihewan Basin,China[J]. Quaternary International,445:250-268.

TONG H W,MOIGNE A,2000. Quaternary rhinoceros of China [J]. Acta Anthropologica Sinica,19:257-263.

TRICOU T,TANNIER E,DE VIENNE D M,2022. Ghost lineages highly influence the interpretation of introgression tests[J]. Systematic Biology,71:1147-1158.

TRINKS A,BURGER P A,BENEKE N,et al.,2012. Simulations of populations ancestry of the two-humped camel (Camelus bactrianus) [M]//AUSTRIAN ACADEMY OF SCIENCES,CAMELS IN ASIA AND NORTH AFRICA. Interdisciplinary perspectives on their significance in past and present. Vienna:Academy of Science Press.

TUNSTALL T,KOCK R,VAHALA J,et al.,2018. Evaluating recovery potential of the northern white rhinoceros from cryopreserved somatic cells[J]. Genome Research,28:780-788.

VAN DEN ENDE C,PUTTICK M N,URRUTIA A O,et al.,2023. Why should we compare morphological and molecular disparity? [J]. Methods in Ecology and Evolution,14(9):2390-2410.

VAN DER GEER A A E,Galis F,2017. High incidence of cervical ribs indicates vulnerable condition in Late Pleistocene woolly rhinoceroses[J]. PeerJ(5):1-21.

VAN DER VALK T,PECNEROVA P,DIEZ-DEL-MOLINO D,et al.,2021. Million-year-old DNA sheds light on the genomic history of mammoths[J]. Nature,591(7849):265-269.

VANDERKLIFT M A,PONSARD S,2003. Sources of variation in consumer-diet delta ^{15}N enrichment:A meta-analysis[J]. Oecologia,136:169-182.

VELSKO I M,FAGERNÄS Z,TROMP M,et al.,2024. Exploring the potential ofdental calculus to shed light on past human migrations in Oceania[J]. Nature Communications,15(1):10191.

VERSHININA A O,HEINTZMAN P D,FROESE D G,et al.,2021. Ancient horse genomes reveal the timing and extent of dispersals across the Bering Land Bridge[J]. Molecular Ecology(30):6144-6161.

VIGILANT L,PENNINGTON R,HARPENDING H,et al.,1989. Mitochondrial DNA sequences in single hairs from a Southern African population[J]. Proceedings of the National Academy of Sciences USA,86(23):9350-9354.

VILSREUP J T,SEGUIN-ORLANDO A,STILLER M,et al.,2013. Mitochondrial phylogenomics of modern and ancient equids[J]. PLoS ONE,8(2):55950.

WANG C F,LI H J,GUO Y,et al.,2020. Donkey genomes provide new insights into domestication and selection for coat color[J]. Nature Communications,11:6014.

WANG G D, ZHANG M, WANG X, et al., 2019. Genomic approaches reveal an endemic subpopulation of gray wolves in Southern China[J]. IScience, 25:110-118.

WANG L Y, SHENG G L, PREICK M, et al., 2021a. Ancient mitogenomes provide new insights into the origin and early introduction of Chinese domestic donkeys[J]. Frontiers in Genetics, 12:759831.

WANG M S, MURRAY G G R, MANN D, et al., 2022a. A polar bear paleogenome reveals extensive ancient gene flow from polar bears into brown bears[J]. Nature Ecology & Evolotion, 6(7):936-944.

WANG X C, WEI W Q, ZHANG N F, et al., 2024. Ancient dog DNA reveals the human livelihood mode transitions during the Late Neolithic in Northeastern China[J]. Journal of Archaeological Science, 53:104349.

WANG Y H, HUA X P, SHI X Y, et al., 2022b. Origin, evolution, and research development of donkeys[J]. Genes, 13(11):1945.

WANG Y, PEDERSEN M W, ALSOS I G, et al., 2021b. Late Quaternary dynamics of Arctic biota from ancient environmental genomics[J]. Nature, 600(7887):86-92.

WENGER A M, PELUSO P, ROWELL W J, et al., 2019. Accurate circular consensus long-read sequencing improves variant detection and assembly of a human genome[J]. Nature Biotechnology, 37:1155-1162.

WESTBURY M V, HARTMANN S, BARLOW A, et al., 2020. Hyena paleogenomes reveal a complex evolutionary history of cross-continental gene flow between spotted and cave hyena[J]. Science Advances, 6(11):1-10.

WILLERSLEV E, COOPER A, 2005. Ancient DNA[J]. Proceedings of the Royal Society B, 272:3-16.

WILLERSLEV E, GILBERT M T, BINLADEN J, et al., 2009. Analysis of complete mitochondrial genomes from extinct and extant rhinoceroses reveals lack of phylogenetic resolution[J]. BMC Evolutionary Biology, 9:1-11.

WILLERSLEV E, HANSEN A J, RØNN R, et al., 2004. Long-term persistence of bacterial DNA[J]. Current Biology, 14(1):9-10.

WILSON M R, JIANG Y, VILLALTA P W, et al., 2019. The human gut bacterial genotoxin colibactin alkylates DNA[J]. Science, 363(6428):1-15.

WU H G, GUANG X M, AL-FAGEEH M B, et al., 2014. Camelid genomes reveal evolution and adaptation to desert environments[J]. Nature Communication, 5(1):5188

XIA J J, CHANG L, XU D S, et al., 2023. Next-Generation sequencing of the complete huaibei grey donkey mitogenome and mitogenomic phylogeny of the equidae family[J]. Animals, 13(3):1-13.

XIA X, YU J, ZHAO X, et al., 2019. Genetic diversity and maternal origin of Northeast African and South American donkey populations[J]. Animal Genetics, 50(3):266-270.

XIAO B, REY-LGLESIA A, YUAN J X, et al., 2023a. Relationships of Late Pleistocene giant deer as revealed by Sinomegaceros mitogenomes from East Asia[J]. iScience, 26(12): 108406.

XIAO B, WANG T J, LISTER A M, et al., 2023b. Ancient and modern mitogenomes of red deer reveal its evolutionary history in Northern China[J]. Quaternary Science Reviews, 301: 107924.

XU X F, GULLBERG A, ARNASON U, 1996. The complete mitochondrial DNA (mtDNA) of the donkey and mtDNA comparisons among four closely related mammalian species-pairs[J]. Journal of Molecular Evolution, 43(5): 438-446.

XUE Y D, Li D Q, Xiao W F, et al., 2015. Activity patterns of wild Bactrian camels (Camelus bactrianus) in the northern piedmont of the Altun Mountains, China[J]. Animal Biology, 65: 209-217.

YAM B A Z, KHOMEIRI M, 2015. Introduction to camel origin, history, raising, characteristics, and wool, hair and skin: A review[J]. Research Journal of Agriculture and Environmental Management, 4(11): 496-508.

YUAN J X, HOU X D, BARLOW A, et al., 2019. Molecular identification of Late and terminal Pleistocene Equus ovodovi from Northeastern China[J]. PLoS ONE, 14(5): e0216883.

YUAN J X, HU J M, LIU W H, et al., 2024. Camelus knoblochi genome reveals the complex evolutionary history of Old World camels[J]. Current Biology, 34: 1-7.

YUAN J X, SHENG G L, HOU X D, et al., 2014. Ancient DNA sequences from Coelodonta antiquitatis in China reveal its divergence and phylogeny[J]. Science China Earth Sciences, 57(3): 388-396.

YUAN J X, SHENG G L, PREICK M, et al., 2020. Mitochondrial genomes of Late Pleistocene caballine horses from China belong to a separate clade[J]. Quaternary Science Reviews, 250: 106691.

YUAN J X, SUN G J, XIAO B, et al., 2023. Ancient mitogenomes reveal a high maternal genetic diversity of Pleistocene woolly rhinoceros in Northern China[J]. BMC Ecology and Evolution, 23(1): 56.

YUAN J X, WESTBURY M V, CHEN S G, et al., 2021. Palaeogenomics reveal a hybrid origin of the world's largest Camelus species[J]. bioRxiv. Doi: https://doi.org/10.1101/2021.10.14.464381.

ZENG L L, DANG R H, DONG H, et al., 2019. Genetic diversity and relationships of Chinese donkeys using microsatellite markers[J]. Archives Animal Breeding, 62(1): 181-187.

ZHANG D J, XIA H, CHEN F H, et al., 2020. Denisovan DNA in Late Pleistocene sediments from Baishiya Karst Cave on the Tibetan Plateau[J]. Science, 370(6516): 584-587.

ZHANG H C, Paijmans J L A, CHANG F Q, et al., 2013. Morphological and genetic evidence for early Holocene cattle management in Northeastern China [J]. Nature Communications, 4(1): 2755.

ZHANG M, SUN G P, REN L L, et al., 2020. Ancient DNA evidence from China reveals the expansion of Pacific dogs[J]. Molecular Biology and Evolution, 37(5): 1462-1469.

ZHANG M, WANG C H, ZHENG Y X, et al., 2024. Ancient DNA unravels species identification from Laosicheng site, Hunan Province, China, and provides insights into maternal genetic history of East Asian leopards[J]. Zoological Research, 45(1): 226-229.

ZHANG N F, SHAO X Y, GUO Y Q, et al., 2023. Ancient mitochondrial genomes provide new clues to the origin of domestic cattle in China[J]. Genes, 14(4): 1313.

ZHENG Z Q, WANG X H, LI M, et al., 2020. The origin of domestication genes in goats[J]. Science Advances, 6(21): 1-13.

ZIESEMER K A, RAMOS-MADRIGAL J, MANN A E, et al., 2019. The efficacy of whole human genome capture on ancient dental calculus and dentin[J]. American journal of physical anthropology, 168(3): 496-509.